U0368542

现代工程制图

林小夏　荆建军　主　编

郭建文　郑东海　曹晓畅　副主编

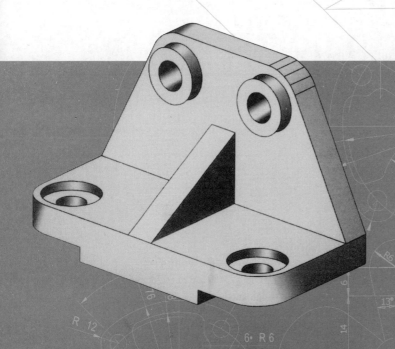

XIANDAI

GONGCHENG

ZHITU

清华大学出版社

北　京

内 容 简 介

本书集多年教改研究、实践及省级精品课程建设成果编著而成。本书的主要内容包括：基本制图知识，投影理论基础，集合体，工程图中的尺寸标注，图样画法，零件图、装配图简介，其他工程图样，计算机绘图基础等。本书配套的习题集与本书同时出版，可供读者选用。

本书适合高等工科院校电子信息、计算机、电气工程、化工、工程管理及应用理科类各专业的学生使用，也可供职工业余、函授等高等工科教育同类专业的学生使用，还可供图学教育从业者及工程技术人员学习参考。

本书封面贴有清华大学出版社防伪标签，无标签者不得销售。

版权所有，侵权必究。举报：010-62782989，beiqinquan@tup.tsinghua.edu.cn。

图书在版编目（CIP）数据

现代工程制图/林小夏，荆建军主编. —北京：清华大学出版社，2023.8
ISBN 978-7-302-63359-4

Ⅰ. ①现… Ⅱ. ①林… ②荆… Ⅲ. ①工程制图 Ⅳ. ①TB23

中国国家版本馆 CIP 数据核字（2023）第 064263 号

责任编辑：贾旭龙
封面设计：刘　超
版式设计：文森时代
责任校对：马军令
责任印制：刘海龙

出版发行：清华大学出版社
　　　　网　　址：http://www.tup.com.cn，http://www.wqbook.com
　　　　地　　址：北京清华大学学研大厦 A 座　　　邮　编：100084
　　　　社 总 机：010-83470000　　　　　　　　邮　购：010-62786544
　　　　投稿与读者服务：010-62776969，c-service@tup.tsinghua.edu.cn
　　　　质量反馈：010-62772015，zhiliang@tup.tsinghua.edu.cn
印 装 者：天津安泰印刷有限公司
经　　销：全国新华书店
开　　本：185mm×260mm　　　印　张：13.25　　　字　数：324 千字
版　　次：2023 年 9 月第 1 版　　　　　　　　印　次：2023 年 9 月第 1 次印刷
定　　价：59.80 元

产品编号：100133-01

前　言

为了适应教学发展的需求，本书编写团队总结了多年教学改革研究、实践以及省级精品课程建设的成果，编写了这本《现代工程制图》。在本书的编写中力求体现"以适应新时期实际教学为本，以思路新、体系新、内容新、形式新、手段新、功能新为源"的总原则。

本书采用最新的《技术制图》和《机械制图》国家标准，对原有的旧标准和涉及的相关术语、画法、标注等进行了替换和更新。为了更贴近教学和实践，本书在校本教材的基础上，对计算机绘图相关的内容进行了重新整合。

本书的具体特点有：

（1）将传统工程制图知识与计算机绘图知识有机融合，构成了新的体系；

（2）计算机绘图内容的融合以教学内容为主线、二维绘图为主体，与课程培养目标相一致；

（3）采用了最新的《技术制图》和《机械制图》国家标准，充分体现了工程图学学科发展的时代性；

（4）将传统的线、面投影贯穿于立体投影及分析之中，对培养学生空间分析能力有很强的现实意义；

（5）将传统的组合体概念与计算机图形学中的集合操作概念相结合，明确为集合体，使形体构成分析既形象化又逻辑化；

（6）工程图中的尺寸标注独立成章，零件图、装配图简介采用比较的方式，便于学生全面掌握；

（7）针对初学者难以保证形体尺寸标注的完整性要求，本书提出了一种与形体分析法结合的辅助方法——投影特征统计法；

（8）介绍了电气制图、化工制图的各种图样，有利于将课程内容与专业知识相结合；

（9）第8章计算机绘图基础中的动手实验操作指导，既丰富了教材功能，又增强了计算机绘图技能训练的可操作性。

本书由林小夏、荆建军担任主编，郭建文、郑东海、曹晓畅担任副主编。杨胜强教授在本次的修订过程中提出了许多宝贵的意见和建议，在此表示衷心的感谢！

由于编者水平有限，书中难免存在疏漏和不足之处，在此诚挚欢迎读者提出意见和建议。

编　者
2023年8月

目　录

第1章　基本制图知识 1

1.1　国家标准关于制图的基本规定 1

　1.1.1　图纸幅面及格式 1

　1.1.2　比例 4

　1.1.3　字体 4

　1.1.4　图线 5

　1.1.5　CAD制图规则 7

1.2　绘图方式 8

　1.2.1　手工绘图 8

　1.2.2　计算机辅助绘图 14

1.3　几何作图 15

　1.3.1　正六边形的画法 15

　1.3.2　椭圆的近似画法 16

　1.3.3　圆弧连接的画法 16

第2章　投影理论基础 18

2.1　投影法的基本知识 18

　2.1.1　投影法 18

　2.1.2　投影与视图 21

　2.1.3　点的投影 23

　2.1.4　直线的投影 28

　2.1.5　平面的投影 31

2.2　平面立体的投影 34

　2.2.1　平面立体投影的概念 34

　2.2.2　平面立体的投影分析 37

2.3　回转立体的投影 46

　2.3.1　回转面的概念 46

　2.3.2　圆柱的投影 47

2.3.3 圆锥的投影 ·· 48

2.3.4 圆球的投影 ·· 49

第3章 集合体 ·· 51

3.1 集合体的构形分析 ···································· 51

3.1.1 形体分析法 ······································ 51

3.1.2 集合体构形的基本方法 ······················ 52

3.2 集合体上邻接表面关系 ······························ 53

3.2.1 平面与平面相交 ································ 53

3.2.2 平面与回转面相交 ···························· 56

3.2.3 两回转面相交 ·································· 62

3.2.4 表面间的共面与相切 ·························· 66

3.2.5 形体表面间的圆角过渡 ······················ 66

3.3 绘制集合体的三视图 ································ 67

利用形体分析法绘制三视图 ······················ 67

3.4 看集合体的三视图 ·································· 70

3.4.1 看图要注意的几个问题 ······················ 70

3.4.2 看图方法 ······································ 73

第4章 工程图中的尺寸标注 ······························ 79

4.1 国家标准《技术制图》和《机械制图》中有关尺寸标注的规定 ········ 79

4.1.1 基本规则 ······································ 79

4.1.2 尺寸要素及其规定 ···························· 79

4.1.3 常见的尺寸标注法示例 ······················ 81

4.2 平面图形的绘制方法及尺寸标注 ···················· 84

4.2.1 平面图形的尺寸分析 ·························· 84

4.2.2 平面图形的线段分析 ·························· 85

4.2.3 平面图形的作图步骤 ·························· 85

4.2.4 平面图形尺寸标注的一般过程 ················ 86

4.3 形体的尺寸标注 ···································· 86

4.3.1 常见形体的尺寸标注 ·························· 86

4.3.2 集合体的尺寸标注 ···························· 88

第5章 图样画法 ·· 96

5.1 视图 ·· 96

5.1.1　基本视图..96

5.1.2　向视图..98

5.1.3　局部视图..99

5.1.4　斜视图..99

5.2　剖视图..101

5.2.1　概述..101

5.2.2　剖视图的种类..104

5.2.3　剖切面的种类..109

5.3　断面图..112

5.3.1　移出断面图..112

5.3.2　重合断面图..114

5.4　其他图样画法..114

5.4.1　局部放大图..114

5.4.2　简化画法与其他规定画法..115

5.5　图样画法综合应用举例..118

5.6　第三角投影简介..120

第6章　零件图、装配图简介..122

6.1　装配图的基本内容..122

6.2　零件图的基本内容..124

6.3　螺纹紧固件及其联接..126

6.3.1　螺纹..126

6.3.2　螺纹紧固件..132

6.3.3　螺纹联接的画法..134

6.4　轴系零件及其装配..136

6.4.1　零件加工面的工艺结构..136

6.4.2　装配合理性..138

6.4.3　圆柱齿轮及其啮合..139

6.4.4　键联接..143

6.4.5　销联接..144

6.4.6　滚动轴承..146

第7章　其他工程图样..148

7.1　电气制图基础..148

7.1.1　常用电气图形符号..148

    7.1.2　电气图中常见简图的画法 149

    7.1.3　印制板图 151

  7.2　化工制图基础 155

    7.2.1　工艺流程图 155

    7.2.2　设备布置图 158

    7.2.3　管路布置图 158

  7.3　焊接图 164

    7.3.1　焊接接头的形式 164

    7.3.2　焊缝代号及其标注方法 164

    7.3.3　焊接件图样 166

第8章　计算机绘图基础 **168**

  8.1　AutoCAD基础知识 168

    8.1.1　AutoCAD的操作界面 168

    8.1.2　命令的输入方式 169

    8.1.3　文件的操作 170

  8.2　AutoCAD基本操作 172

    8.2.1　绘图的操作 172

    8.2.2　编辑的操作 177

    8.2.3　显示控制的操作 186

  8.3　AutoCAD辅助绘图工具和图形属性 187

    8.3.1　辅助绘图工具 187

    8.3.2　图层 188

    8.3.3　对象特性的管理 190

  8.4　图样的注释 191

    8.4.1　文本的注写 191

    8.4.2　尺寸标注 193

  8.5　平面图形绘制实例 198

第1章 基本制图知识

1.1 国家标准关于制图的基本规定

图样是一种重要的技术文件，是用来指导生产和技术交流的语言，因此对图样画法、尺寸注法等都必须作出统一规定。

"ISO"是国际上统一制定的标准，我国也相应制定了与国际标准逐渐接轨的国家标准，简称"国标"，代号为"GB"。例如 GB/T 14691—1993，其中"T"为推荐性标准，"14691"是标准顺序号，"1993"是标准颁布的年代号。人人都必须树立标准化的概念，严格遵守，认真执行国家标准。

本节主要介绍国家标准中有关图纸幅面及格式、比例、字体、图线等内容，其余部分将在以后有关章节中介绍。

1.1.1 图纸幅面及格式

1. 图纸幅面尺寸

根据 GB/T 14689—2008 规定，绘制技术图样时，优先采用表 1-1 中规定的图纸基本幅面尺寸。图纸基本幅面格式如图 1-1 所示，必要时，允许选用符合规定的加长幅面。

表1-1 图纸基本幅面尺寸 （单位：mm）

幅 面 代 号	A0	A1	A2	A3	A4
尺寸B×L	841×1189	594×841	420×594	297×420	210×297

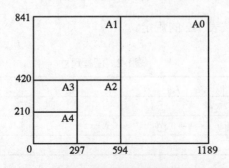

图1-1 图纸基本幅面格式

2. 图框格式及标题栏位置

图框是图纸上限定绘图区域的线框，分为留装订边和不留装订边两种格式。同一产品只能采用同一种格式。图框线用粗实线绘制，留有装订边的图框格式如图 1-2 所示，不留装订边的图框格式如图 1-3 所示。

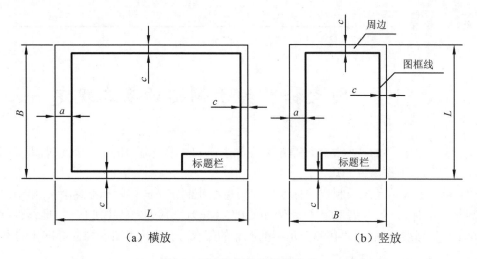

（a）横放　　　　　　　　　　　　（b）竖放

图1-2　留有装订边的图框格式

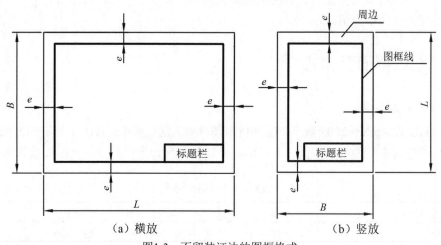

（a）横放　　　　　　　　　　　　（b）竖放

图1-3　不留装订边的图框格式

两种图框格式的尺寸按表 1-2 的规定。

表1-2　图框尺寸　　　　　　　　　　（单位：mm）

幅面代号	A0	A1	A2	A3	A4
e	20			10	
c	10			5	
a	25				

标题栏位于图纸的右下角，看图的方向与看标题栏的方向一致。

3. 标题栏

国家标准 GB/T 10609.1—2008 规定了标题栏的组成、尺寸及格式等内容。

标题栏一般是由更改区、签字区、其他区、名称及代号区组成的，用户可根据实际需要调整相关区域的尺寸，如图 1-4 所示。标题栏的格式举例如图 1-5 所示。

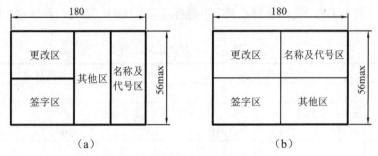

图1-4 标题栏中各区的布置及尺寸

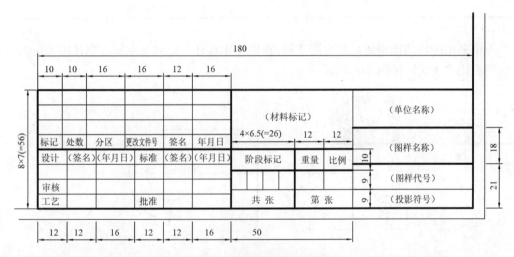

图1-5 标题栏的格式举例

装配图中一般还会有明细栏，该明细栏位于标题栏的上方。明细栏的内容、格式、尺寸应按照 GB/T 10609.2—2009《技术制图 明细栏》的规定绘制。

读者在学习阶段做练习时，可采用如图 1-6 所示的标题栏的简化格式。

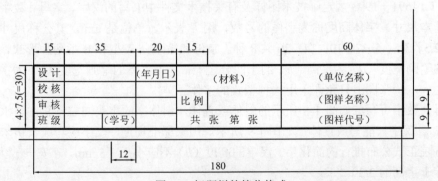

图1-6 标题栏的简化格式

1.1.2 比例

根据 GB/T 14690—1993 的规定，图样中的图形与其实物相应要素的线性尺寸之比，称为比例。绘制图样时，应在表 1-3 的"优先选择系列"中选取恰当的绘图比例进行绘制，必要时，也允许从表 1-3 的"允许选择系列"中进行选取。比例应填写在标题栏中的比例栏内。

表1-3 一般选用的比例

种 类	优先选择系列	允许选择系列
原值比例	1:1	—
放大比例	5:1　2:1 $5 \times 10^n:1$　$2 \times 10^n:1$　$1 \times 10^n:1$	4:1　2.5:1 $4 \times 10^n:1$　$2.5 \times 10^n:1$
缩小比例	1:2　1:5 $1:2 \times 10^n$　$1:5 \times 10^n$　$1:1 \times 10^n$	1:1.5　1:2.5　1:3　1:4　1:6 $1:1.5 \times 10^n$　$1:2.5 \times 10^n$　$1:3 \times 10^n$ $1:4 \times 10^n$　$1:6 \times 10^n$

注：n 为正整数

不论采用缩小的比例还是放大的比例，在图样中标注尺寸时必须标注物体的实际尺寸，与绘图的比例无关，如图 1-7 所示。

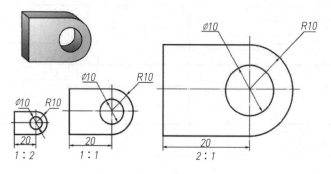

图1-7 不同比例图形的尺寸标注

1.1.3 字体

GB/T 14691—1993 规定了技术图样及有关技术文件中书写的汉字、字母、数字的结构形式和基本尺寸。字体高度称为字体的号数，用 h 表示，单位是 mm，其公称尺寸系列包括 1.8、2.5、3.5、5、7、10、14、20 共 8 种。字母和数字分 A 型和 B 型两种形式，其中 A 型字体的笔画宽度（d）为字高（h）的十四分之一，B 型字体的笔画宽度（d）为字高（h）的十分之一，一张图上只允许采用一种型式的字体。

字母及数字可写成如图 1-8 所示的斜体或直体，斜体字的字头向右倾斜，与水平基准线成 75°。汉字只能写成直体，如图 1-9 所示。国家标准规定，汉字应写成长仿宋体，并采用国务院正式公布推行的简化字。汉字的高度（h）不应小于 3.5 mm，字宽一般为 $h/\sqrt{2}$（即约等于字高的 2/3）。

$$0123456789\phi$$
$$ABCDEFGHIJKLMN$$
$$OPQRSTUVWXYZ$$

（a）斜体

$$0123456789\phi$$
$$ABCDEFGHIJKLMN$$
$$OPQRSTUVWXYZ$$

（b）直体

图1-8　各种数字及字母书写示例

字体端正 笔画清楚 排列整齐

间隔均匀 填满方格

机械 电子 自动化 材料 建筑 信息 矿业 工程

图1-9　长仿宋体汉字书写示例

书写长仿宋体的要领是：横平竖直，注意起落，结构匀称，填满方格。

1.1.4　图线

GB/T 17450—1998 与 GB/T 4457.4—2002 规定了图样中图线的线型、尺寸和画法。

1. 线型

在工程制图中，常用的线型包括实线、虚线、点画线、双点画线、波浪线、双折线等，如表 1-4 所示。

表1-4　工程制图常用图线

名　　　称	线　　　型	线　　宽	一 般 应 用
粗实线	————————	d	可见轮廓线，可见棱边线，可见相贯线，齿顶圆（线）等
细实线	————————	$d/2$	尺寸线，尺寸界线，剖面线，弯折线，牙底线，齿根线，引出线，辅助线等
细虚线	— — — — — —	$d/2$	不可见轮廓线，不可见棱边线，不可见相贯线等
细点画线	— · — · — · —	$d/2$	轴线，对称中心线，轨迹线，齿轮分度圆（线）等
粗点画线	— · — · — · —	d	限定范围表示线
细双点画线	— ·· — ·· — ·· —	$d/2$	相邻辅助零件的轮廓线，可动零件极限位置的轮廓线等
波浪线	∿∿∿	$d/2$	断裂处的边界线，剖视与视图的分界线
双折线	—\/—\/—	$d/2$	断裂处的边界线，剖视与视图的分界线
粗虚线	━ ━ ━ ━ ━	d	允许表面处理的表示线

2. 图线的尺寸

机械图样中一般采用粗、细两种线宽,线宽的比例关系为 2:1。图线的宽度 d 应根据图样的类型、大小和复杂程度,在下列数系中进行选择:0.13 mm、0.18 mm、0.25 mm、0.35 mm、0.5 mm、0.7 mm、1.0 mm、1.4 mm、2.0 mm。通常情况下,粗线的宽度不小于 0.25 mm,优先采用 0.5 mm 或 0.7 mm。

在同一图样中,同类图线的宽度应基本一致。

在绘制点(双点)画线和虚线时,其线素(点、画、长画和短间隔)的长度如图 1-10 所示。

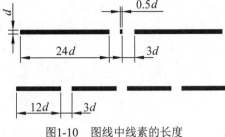

图1-10　图线中线素的长度

3. 图线的画法

(1)同一图样中,同类图线的宽度应基本一致,各线型的线素长度应大致相等。

(2)绘制圆的对称中心线时,线段应超出圆外 2~5 mm,首末两端应是画而不是点;圆心应是线段的交点,如图 1-11 所示。

(3)在较小的图形中绘制细点画线或双点画线有困难时,可用细实线代替,如图 1-12 所示。

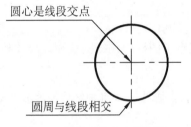

图1-11　圆的对称中心线画法

图1-12　较小图形中的细点画线画法

(4)点画线、双点画线、虚线、粗实线彼此相交时,应交于画线处,不应留空。而虚线作为粗实线的延长线时,虚实连接处要留有空隙,如图 1-13 所示。

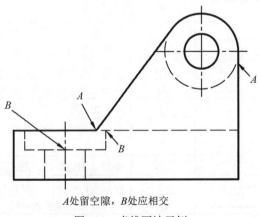

A处留空隙,B处应相交

图1-13　虚线画法示例

(5)两种或两种以上图线重合时,只需画出其中一种,优先顺序为可见轮廓线和棱线,不可见轮廓线和棱线，轴线和对称中心线，假想轮廓线，尺寸界线。

1.1.5　CAD 制图规则

GB/T 14665—2012《机械工程 CAD 制图规则》规定了用计算机绘制工程图样的基本规则。这些规则适用于在计算机及其外围设备中进行显示、绘制、打印工程图样和有关技术文件。

1. 图线

CAD 工程图中所用的图线，应遵照 GB/T 17450—1998 中的有关规定。为满足 CAD 制图需要及便于计算机信息的交换，实践中可将 GB/T 17450—1998 中规定的 8 种线型根据线宽分为 5 组，如表 1-5 所示。一般优先采用第 4 组。

表1-5　CAD制图线宽的规定

组　　别	1	2	3	4	5	一　般　用　途
线宽（单位：mm）	2.0	1.4	1.0	0.7	0.5	粗实线，粗点画线，粗虚线
	1.0	0.7	0.5	0.35	0.25	细实线，波浪线，双折线，细虚线，细点画线，细双点画线

屏幕上显示图线，一般应按表 1-6 中提供的颜色显示，并要求相同型式的图线采用同样的颜色。

表1-6　CAD制图图线颜色的规定

图 线 名 称	图 线 型 式	屏幕显示时颜色
粗实线	——————	白色
细实线	——————	绿色
波浪线	～～～～	
双折线	⌇⌇⌇	
虚线	- - - - - -	黄色
细点画线	—·—·—·	红色
粗点画线	—·—·—·	棕色
双点画线	—··—··—	粉色

2. 字体

字体大小与图纸幅面之间的选用关系如表 1-7 所示。

表1-7　CAD制图字体大小的规定

字体 ＼ 图幅	A0	A1	A2	A3	A4	备　　注
字母与数字 h		5		3.5		h=汉字、字母及数字的高度，单位为mm
汉字 h		7		5		

汉字一般以正体输出，并采用国务院正式公布和推行的简化字；数字一般以正体输出；字母除表示变量的外，一般以正体输出；小数点输出时，应占一个字位，并位于中间靠下处；标点符号应按其含义正确使用，除省略号和破折号占两个字位外，其余均为一个符号，占一个字位。

1.2 绘 图 方 式

绘图方式包括手工绘图和计算机辅助绘图，手工绘图是传统的绘图方式，它通过正确使用各种绘图仪器来提高绘图的准确度和效率。随着计算机软硬件技术的发展，计算机作为一种强有力的工具，在设计绘图工作中发挥着越来越重要的作用，计算机辅助绘图方式在现代工程制图中占有举足轻重的地位。

1.2.1 手工绘图

1. 借助仪器准确绘图

用手工准确绘图必须借助各种绘图工具和仪器帮助，常用的绘图工具和仪器有图板、丁字尺、三角板、圆规、分规、弹簧规、铅笔、模板等。

1）图板、丁字尺和三角板

图板是供画图时使用的垫板，要求其表面平坦光洁，左右两导边必须平直。

丁字尺由尺头和尺身组成，它是用来画水平线的长尺。使用时，应使尺头紧靠图板左侧的导边，沿尺身的工作边自左向右画出水平线，如图1-14所示。

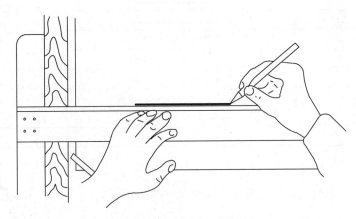

图1-14 用丁字尺画水平线

三角板除了直接用来画直线，也可配合丁字尺画垂直线和各种特殊角度的倾斜线，如图1-15所示。

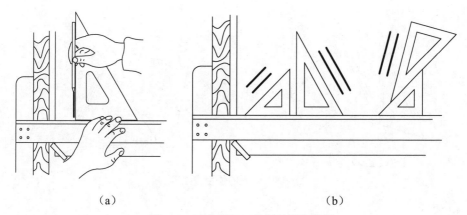

（a） （b）

图1-15 丁字尺与三角板的配合使用

2）绘图仪器

成套绘图仪器如图1-16所示，其主要件有圆规、分规、弹簧规等。

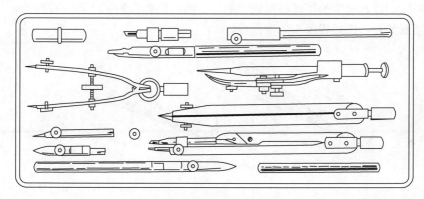

图1-16 成套绘图仪器

圆规用于绘制圆和圆弧，如图1-17所示。分规的用途主要是移置尺寸和等分线段，如图1-18所示。弹簧规主要用来绘制小半径的圆及圆弧。

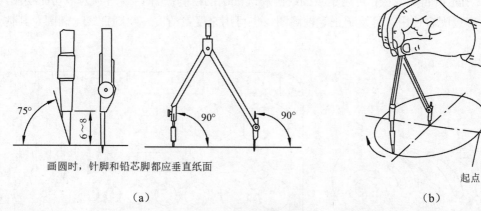

画圆时，针脚和铅芯脚都应垂直纸面

（a） （b）

图1-17 圆规的使用方法

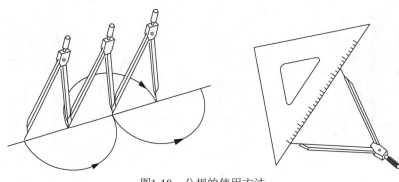

图1-18　分规的使用方法

3）铅笔

铅笔是绘制图线的主要用具，分硬（H）、中性（HB）、软（B）三种。一般用硬铅笔画底图和描深细线型，用中性铅笔写字和描深粗线型，软铅笔则可作为圆规的铅芯来描深粗线圆及圆弧。

一般将画细线和写字的铅笔芯削成锥形，而将描深粗线的铅笔芯削成楔形，如图1-19所示。底图画好后，图线要依次一次描成。

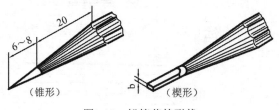

图1-19　铅笔芯的形状

4）模板

为提高绘图效率，可使用各种模板。模板多为各种形状的塑料薄板，常见的模板有曲线板、多用模板及自制专用模板。图1-20所示为曲线板，用于绘制通过一系列离散点的光滑曲线；图1-21所示为多用模板，用于绘制圆、正六边形、螺纹连接件的六角头等；图1-22所示的自制模板，可用于点画线圆和虚线圆的绘制；图1-23所示为多功能绘图尺，它与丁字尺配合使用，可绘制正等轴测图，也可用来度量角度，绘制直线、椭圆及其他光滑曲线。

图1-20　曲线板　　　　　　　　　　　图1-21　多用模板

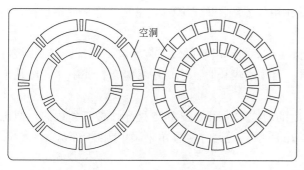

图1-22　用于画圆的自制模板

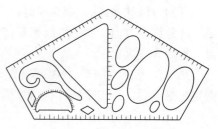

图1-23　多功能绘图尺

5）其他

绘图时还必须有一些其他的辅助工具，如铅笔刀、橡皮、胶带等。

2. 徒手画草图

借助绘图仪器和三角板等工具画出的很规范的图样，叫作尺规图。仅仅手执铅笔按目测比例画出的图样称作徒手图或草图。

对物体进行现场测绘，工程技术人员讨论设计方案，进行技术交流，现场参观等情况下，受客观条件或时间限制，需要徒手画出草图。徒手图有时直接送交生产，但大多数徒手图需要重新整理成尺规图，或者输入计算机，由计算机输出正式图。

由此看出，徒手画图是交流、记录、创作的有力手段，广泛应用于工程技术人员的一切活动中。学习工程制图，我们应掌握徒手画图的方法和技巧。

草图之草并非潦草之意，而是指徒手作图。徒手画草图应满足如下要求：

（1）画线要稳，图线要清晰。

（2）目测尺寸要尽量符合实际，各部分比例匀称。

（3）绘图速度要快。

（4）标注尺寸无误，字体工整。

（5）保持图面整洁。

画草图的铅笔比借助尺规画图的铅笔软一号，削成圆锥状，画粗线要秃些，画细线可尖些。通常采用 HB、B 或 2B 铅笔先轻画底稿线，然后按要求加粗。徒手画图可采用印有浅色方格的纸画图，有利于控制图线的平直、图形的大小和比例。

要画好草图，必须掌握徒手绘制各种线条的基本手法，具体如图 1-24 所示。

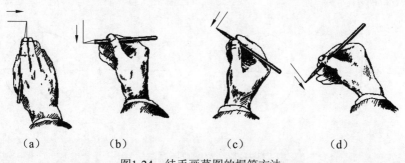

（a）　　　　　　（b）　　　　　　（c）　　　　　　（d）

图1-24　徒手画草图的握笔方法

（1）执笔的方法。手执笔的位置要比用仪器绘图时较高些，以利运笔和观察目标，笔杆与纸面成 45°～60°角。

（2）直线的画法。画直线时，手腕靠着纸面，沿着画线方向平动，保证图线画得直；眼要注意终点方向，对手腕起引导作用。当直线较长时，也可用目测在直线中间定出几个点，然后分段画出。

画倾角为 30°、45°、60° 等特殊角度的斜线时，可如图 1-25 所示，按直角边的近似比例定出端点后，连出直线；也可按图 1-26 所示，通过等份直角来确定画线方向。

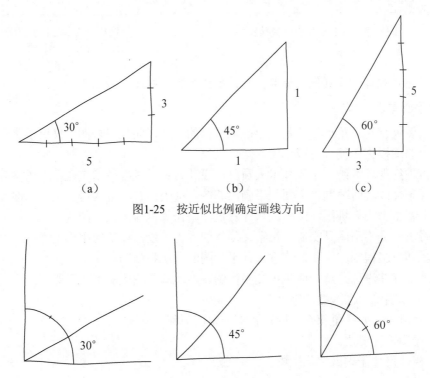

图1-25　按近似比例确定画线方向

图1-26　等份直角确定画线方向

（3）圆的画法。画圆时，应先定出圆心位置并过圆心画对称中心线，然后按目测在中心线上距圆心等于半径处定出四点，过四点徒手连线即可，如图 1-27（a）所示。画稍大的圆时，可过圆心再加画几条不同方向的直线，同样按半径在各线上定点，再徒手连线，如图 1-27（b）所示。

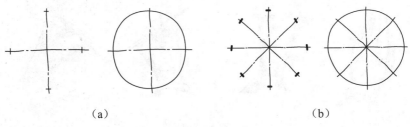

图1-27　圆的草图画法

　　画圆角时，首先画出两直线边，确定切点，再在分角线上确定圆心和圆上的点，然后画出与两边相切的圆弧，如图 1-28 所示。

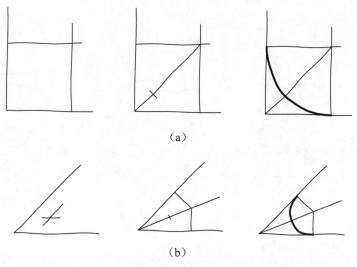

（a）

（b）

图1-28　圆角的草图画法

　　圆弧连接时，也尽量利用与正方形相切的特点，如图 1-29 所示。

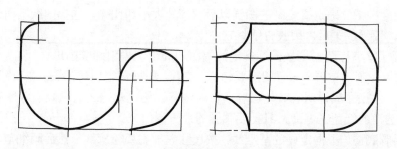

图1-29　圆弧连接的草图画法

　　（4）椭圆的画法。画椭圆时，可根据长短轴，利用外切长方形画出，如图 1-30（a）所示；当已知共轭轴时，可根据外切平行四边形画出，如图 1-30（b）所示。

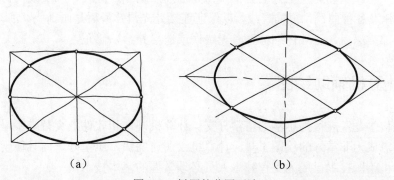

（a）　　　　　　　　　　　　　（b）

图1-30　椭圆的草图画法

（5）曲线画法。遇到较复杂平面轮廓的形状时，常采用勾描轮廓和拓印的方法。如平面能接触纸面时，采用勾描法，直接用铅笔沿轮廓画线，如图 1-31（a）所示；当平面上受其他结构所限，只能采用拓印法，在被拓印表面，涂上颜料或红油，然后将纸贴上，如遇结构阻挡，可将纸挖去一块，即可拓印出曲线轮廓，如图 1-31（b）所示，最后再将印迹描到图纸上。

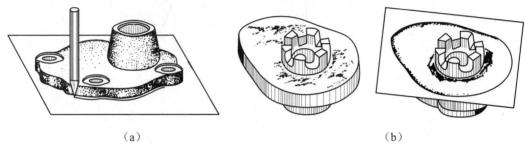

（a）　　　　　　　　　　　　　　　　　（b）

图1-31　用勾描法和拓印法画曲线

3. 绘图的一般方法和步骤

要使图样绘制得又快又好，除了能够正确使用绘图工具外还需要有一定的工作顺序。

（1）绘图前的准备工作。首先准备好洁净的图板、丁字尺、三角板、仪器及其他工具、用品；再把铅笔按线型要求削好，圆规中的铅芯应准备几根备用；然后把手洗净。

（2）固定图纸。确定要绘制的图样以后，按其大小和比例，选择图纸幅面。把图纸铺在图板左方，图纸放正后，用胶带纸将它固定。

（3）画图框和标题栏。按国标规定的幅面和周边，先用细线画出。

（4）布置图形的位置。布置图形要匀称、美观。根据每个图形的长、宽尺寸确定位置，同时要考虑标注尺寸或说明等其他内容所占的位置。位置确定之后，画出各图的基准线。最后用一张洁净的纸盖在上面，只把要画图的地方露出来。

（5）绘制底稿。根据定好的基准线，按尺寸先画主要轮廓线，然后画细节。在画图的过程中要做到认真细致，力求图线正确，尺寸精确，图面洁净。

（6）描深。描深是画图的最重要环节，要按线型选择不同的铅笔，描深过程中要保持铅笔芯的粗细一致，用力要均匀。

描深顺序一般从图的左上方至右下方；先描细点画线、虚线、细实线，再描粗实线；描好圆、圆弧及各种曲线，再描直线，以保证连接处光滑；最后是画箭头、注写尺寸数字、写注解。全部描深后，还须仔细检查有无错误或遗漏并给以修正。

1.2.2　计算机辅助绘图

计算机科学是发展最为迅猛的科学分支。计算机硬件和软件的交替进步，已经使如今的微型计算机成为非常好的绘图工具。计算机绘图速度快，质量好，而且便于修改，易于管理。计算机绘图技术已成为工程技术人员必须掌握的基本技术。

实现计算机绘图，必须依靠计算机绘图系统的正常运行。计算机绘图系统由硬件和软件两大部分组成。

硬件部分主要包括微型计算机、图形输入设备和图形输出设备。微型计算机是绘图系统的核心设备，它主要负责接收输入信息，进行数据处理，控制图形输出；图形输入设备有键盘、鼠标、数字化仪、扫描仪、数码相机等，它们的主要职责是将图形数据传输给计算机，实现人机交互；图形输出设备除显示器外，还有打印机和绘图机。显示器显示图形，方便了人机交互。打印机和绘图机则把图形输出到纸介质上，成为正式图样。

软件部分包括操作系统和绘图软件。操作系统是管理计算机硬件和其他软件资源的一种系统软件，目前使用最多的是 Windows 系统。绘图软件为用户提供图形处理与编辑的功能，并包含有驱动图形输入与输出设备的程序。

绘图软件有很多，较为流行的有 SolidWorks、Pro-Engineer、AutoCAD 等。我国科研人员近年来在绘图软件的研究开发中也有不俗的表现，开目 CAD、CAXA 电子图版等优秀软件均占有了不少的市场份额，这些软件的使用性能也越来越接近国际流行软件。

不同绘图软件可能在使用方法和技巧上稍有差异，但它们的绘图原理几乎都是相同的。

1.3 几 何 作 图

1.3.1 正六边形的画法

在绘制工程图样时，常遇到正六边形的作图问题，现将作图方法介绍如下。

1. 已知对角线长度，绘制正六边形

由于正六边形的对角线长度就是其外接圆的直径，因而可先画出其外接圆，如图 1-32（a）所示，再将外接圆圆周分为六等份，如图 1-32（b）所示，最后依次连接各等份点，即可得到一个正六边形，如图 1-32（c）所示。

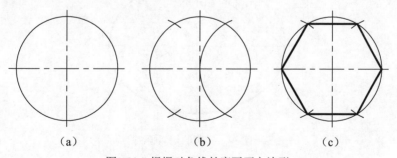

|（a）|（b）|（c）|

图1-32 根据对角线长度画正六边形

2. 已知对边距离，绘制正六边形

先根据对边位置，作出正六边形的中心点及对称中心线，如图 1-33（a）所示，再用 $30^{\circ} \sim 60^{\circ}$ 的三角板在已知对边上确定一个顶点 A，如图 1-33（b）所示，其余顶点可顺次求出，最后连接各顶点，得到正六边形，如图 1-33（c）所示。

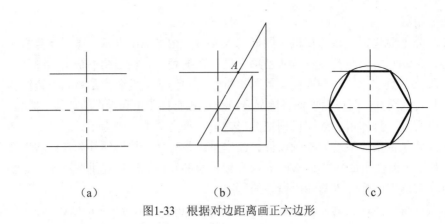

（a） （b） （c）

图1-33 根据对边距离画正六边形

1.3.2 椭圆的近似画法

在工程图中，经常会遇到要求绘制椭圆或椭圆弧的情况。下面介绍已知长短轴，近似画椭圆的"四心法"。

如图1-34所示，已知椭圆长轴的两端点分别是 A、B，短轴的两端点分别是 C、D，画椭圆的步骤如下：

（1）连接 AC，取 $CE_1=OA-OC$；

（2）作 AE_1 的中垂线，与长短轴分别交于 O_1、O_2，并作它们关于圆心的对称点 O_3、O_4。

（3）分别以 O_1、O_2、O_3、O_4 为圆心，O_1A、O_2C、O_3B、O_4D 为半径，作四段圆弧，拼成近似椭圆。

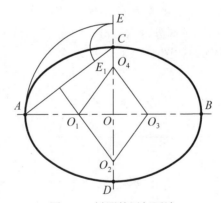

图1-34 椭圆的近似画法

1.3.3 圆弧连接的画法

在工程制图中，常用到直线与圆弧、圆弧与圆弧光滑连接的形式，统称为圆弧连接。这里的"光滑连接"，指的就是几何里讲的相切作图问题，连接点就是切点，连接已知直线或圆弧的圆弧称为连接圆弧。

圆弧连接的作图要点是：根据已知条件，确定出连接弧的圆心位置、半径及与被连接线段的相切位置。

在表 1-8 中列出了用半径为 R 的圆弧光滑连接各种情况的直线与圆的作图方法。

表1-8 各种圆弧连接的作图方法

连 接 要 求	作图方法和步骤		
	求 圆 心	求 切 点	画连接圆弧
连接相交两条直线	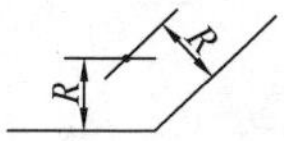	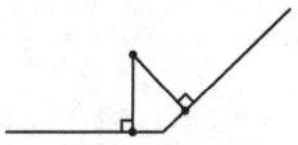	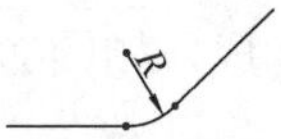
连接直线与圆弧	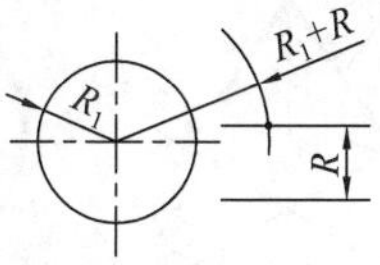	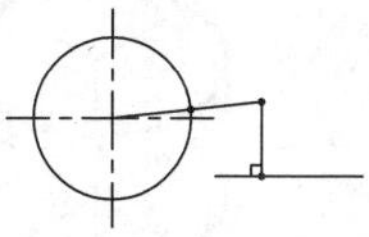	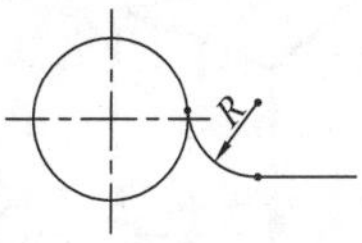
外接两圆弧	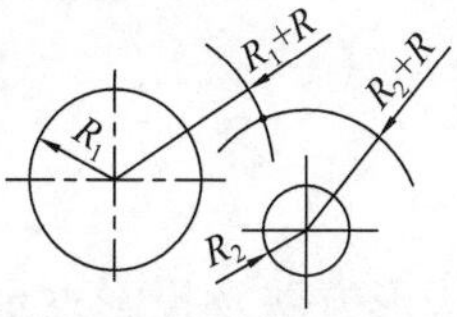	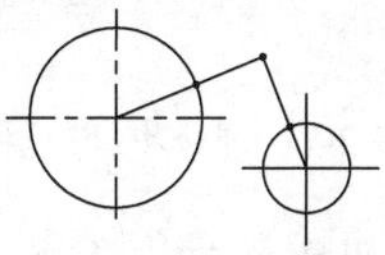	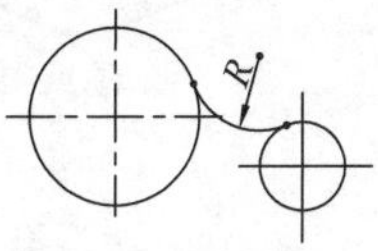
内接两圆弧	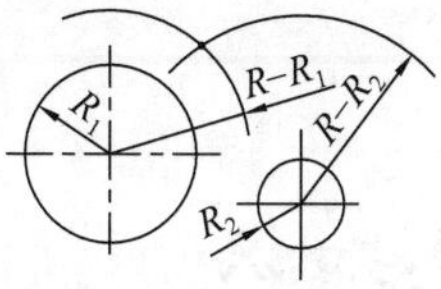	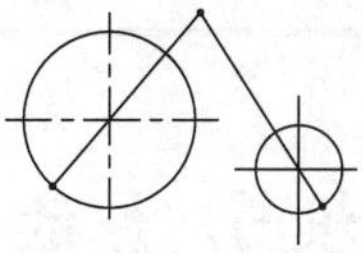	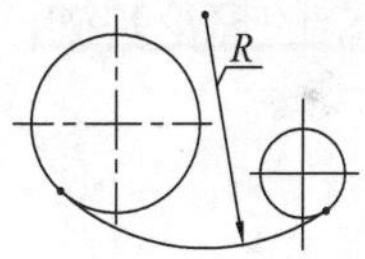
内接外接两圆弧	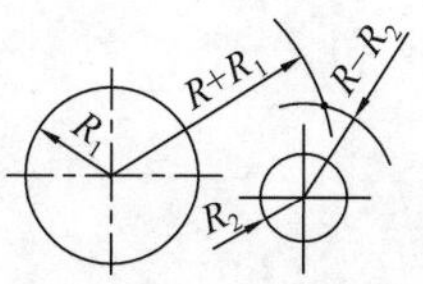	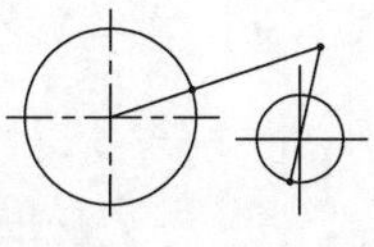	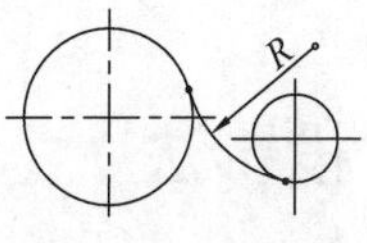

第2章 投影理论基础

从构形的角度讲，任何复杂形体乃至机件，皆可看作是由柱、锥、球等基本体经过一定方式的集合操作（关于集合操作的概念见第3章）形成。同时，基本体又由点、线、面等几何要素构成，如图2-1所示。

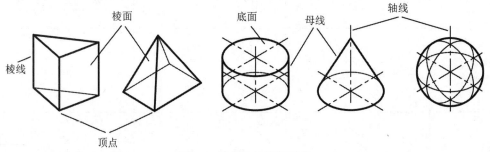

图2-1 基本体与几何要素

本章主要讨论各类几何要素的投影规律、基本体的构形方法及投影表示等。本章内容是后续章节的理论基础，读者务必扎实掌握。

2.1 投影法的基本知识

2.1.1 投影法

1. 投影法的概念

日常生活中，物体在日光或灯光照射下，会在墙壁或地面上留下影像。对这种自然现象，人们进行了合理的抽象，最终提出了"投影法"的概念。

如图 2-2 所示，投影法可以这样来表述：在空间中预设一点 S 及一个平面 H，且 $S \notin H$，H 称为投影面，S 称为投射中心，在投影理论中，S 一般被视作光源或人眼。A 是任意一空间的点（字母大写），连线 SA 称为投射线，SA 与 H 面的交点 a 称为点 A 在 H 面上的投影（字母小写）。同样，也可作出空间点 B 的投影 b。

需要注意的是，用投影法绘制物体的投影时，只绘制轮廓，不绘制阴影。

2. 投影法的分类

投影法可分为两类，即中心投影法和平行投影法。

1）中心投影法

当投射中心距离投影面为有限远时，投射线呈汇交于投影中心的线束，这种投影方法称为中心投影法，如图 2-3 所示。

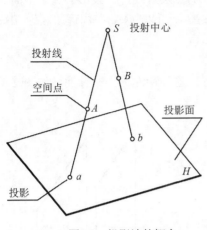

图2-2 投影法的概念

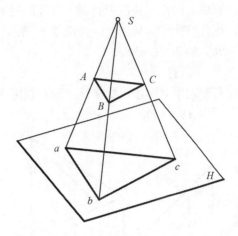

图2-3 中心投影法

中心投影图具有良好的视觉效果，但度量性差，且绘图过程较烦琐，多用于美术、建筑、工业造型的绘画当中。

2）平行投影法

当把投射中心移至无穷远时，相应的投射线会趋于平行，这种投影方法称为平行投影法，如图 2-4 所示。

平行投影法又分为斜投影法和正投影法两种。

❖ 斜投影法：投射线倾斜于投影面，如图 2-4（a）所示；

❖ 正投影法：投射线垂直于投影面，如图 2-4（b）所示。

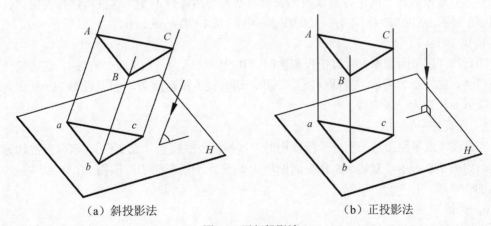

（a）斜投影法   （b）正投影法

图2-4 平行投影法

斜投影图失真较为严重，度量性也较差，因此常用于解决某些方面的特殊问题。正投影图绘制过程简单，度量性也较佳，是绘制工程图样的主要方法。本书各部分内容一律采用正投影法。

3. 正投影的特性

正投影具有以下 6 个主要特性。

1）从属性

直线上的点，其投影必属于直线的投影；平面上的点及直线，其投影必属于平面的投影，这种特性称为从属性。如图 2-5 所示，因为 $I \in EF$，所以 $1 \in ef$；同理，因为 $II \in$ 面域 ABC，所以 $2 \in abc$。

2）平行性

若空间中有两条直线平行，则其投影也必然平行，这种特性称为平行性。如图 2-6 所示，因为 $AB /\!/ CD$，所以 $ab /\!/ cd$。

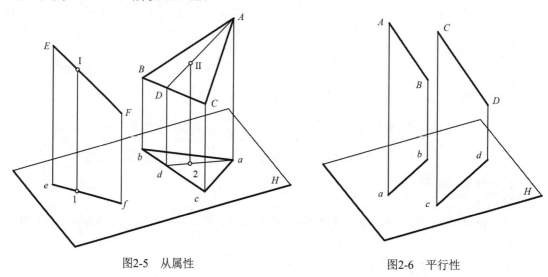

图2-5　从属性　　　　　　　　　　图2-6　平行性

3）定比性

点分直线段的比及两平行直线段的长度，在投影后保持不变，这种特性称为定比性。如图 2-5 所示，$EI : IF = e1 : 1f$；又如图 2-6 中，$AB : CD = ab : cd$。

4）积聚性

当直线（或平面图形）垂直于投影面时，其投影将缩为一点（或一直线），这种特性称为积聚性。如图 2-7 所示，直线 AB 及平面 P 均垂直于投影面 H，因而投影 $a(b)$ 积聚为一点，投影 p 积聚为一条直线。

5）保真性

当直线（或平面图形）平行于投影面时，其投影反映实长（或实形），这种特性称为保真性。如图 2-8 所示，直线 AB 和平面图形 P 均平行于投影面 H，因而 ab 与 AB 等长，p 为 P 的全等形。

6）类似性

当平面图形倾斜于投影面时，其投影为一类似形。若平面多边形的投影仍为多边形，且其边数、凹凸特性及有关边之间的平行特性等保持不变，这种特性称为类似性，如图 2-9 所示。

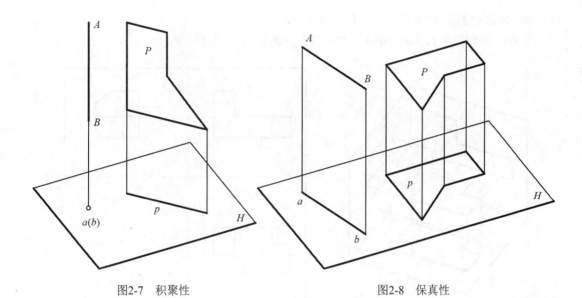

图2-7 积聚性　　　　　　　　　　图2-8 保真性

2.1.2 投影与视图

1. 概述

在工程制图中，有时将投射线抽象为一束平行的视线，并把物体置于人与投影面之间，这样在投影面上得到的投影图被称为视图。

从本质上讲，视图与投影完全等价，仅是说法不同。习惯上，在讨论几何要素问题时，使用术语"投影"；在讨论物体时，使用术语"视图"（或"投影"）。

如图 2-10 所示为物体的单面视图，虽然两个物体形状各异，但它们在 H 面上的视图完全相同。因此，利用单面视图无法确定物体的空间形状。

如图 2-11（a）所示，通常取三个相互垂直的平面，以构成三面投影体系。其中，V 面称为正立投影面，H 面称为水平投影面，W 面称为侧立投影面。将物体放在三面投影体系中，并依次向 V、H 及 W 面投射，可分别获得其主视图、俯视图和左视图（或称正面投影、水平投影及侧面投影）。

为了能在同一纸面上绘制物体的三视图，需要展开投影体系。展开规则如下所示：

❖ V 面不动；

❖ H 面绕其与 V 面的交线，下转 $90°$；

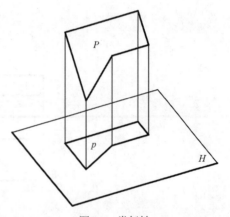

图2-9 类似性

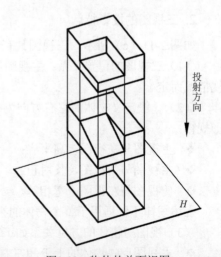

图2-10 物体的单面视图

❖ W面绕其与V面的交线，右转90°。

展开结果如图2-11（b）所示，去除投影面的边廓线后得到图2-11（c）。

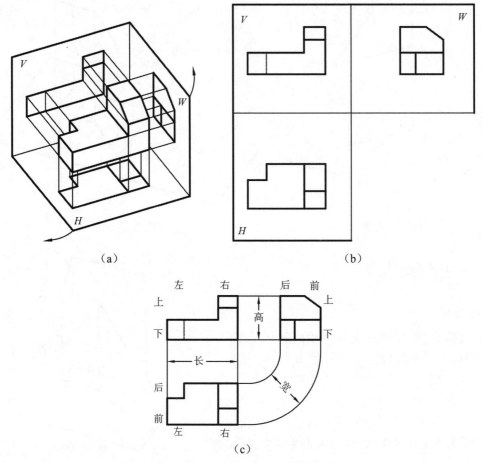

（a）　　　　　　　　　　　　　　　　（b）

（c）

图2-11　三视图的形成及其投影规律

2. 三视图的投影特点

如图2-11（c）所示，三视图具有以下投影特点。

（1）三视图的位置关系：主视图居中，俯视图在下，左视图在右。视图之间的距离可视情况而定。

（2）一般定义物体的左右方向为长，前后方向为宽，上下方向为高。因此，有如下投影规律：

❖ 主视图与左视图，高平齐；

❖ 主视图与俯视图，长对正；

❖ 俯视图与左视图，宽相等。

上述规律不仅适用于整个物体的视图，对于物体每个细部投影，也是适用的。

（3）视图与物体的方位关系如下：

❖ 主视图反映物体的上下和左右；

❖ 俯视图反映物体的左右和前后；

❖ 左视图反映物体的前后和上下。

总之，每个视图只能反映物体的二维方向。对于俯视图和左视图而言，靠近主视图的一侧对应物体的后方，远离主视图的一侧对应物体的前方。在俯视图和左视图之间作图时，不但应满足宽相等要求，还应特别注意线段的量取方向。

国标规定，可见轮廓线以粗实线绘制，不可见轮廓线以虚线绘制，当两者重叠时，须按粗实线绘制。

【例2-1】如图2-12（a）所示，以S向为主视图投射方向绘制物体的三视图。

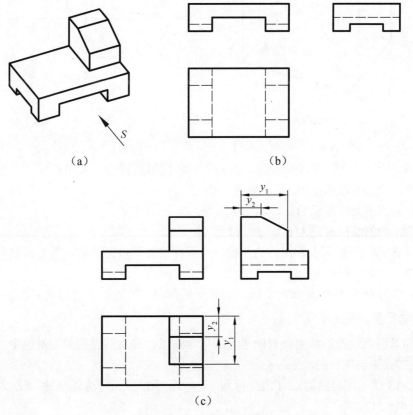

（a） （b）

（c）

图2-12 物体三视图的画法

【解】本例主要步骤如下：

（1）绘制底板的三视图，如图2-12（b）所示。可先绘出底板的主视图和左视图，然后再绘出其俯视图。可见轮廓线用粗实线绘制，不可见轮廓线用虚线绘制。

（2）绘制小五棱柱的三视图，如图2-12（c）所示。应先绘制五棱柱的左视图，然后绘制其主视图及俯视图。在绘制俯视图时，要特别注意宽度值y_1及y_2的量取方向。

2.1.3 点的投影

点是最基本的几何要素，点的投影是探讨其他几何要素的投影及形体图示问题的基础。

1. 点的三面投影的形成

欲产生点的三面投影，首先需要建立三面投影体系。如图 2-13（a）所示，V、H 及 W 面是三个两两垂直的投影面，它们之间的交线 OX、OY、OZ 称为投影轴，同时还兼具坐标轴的作用。

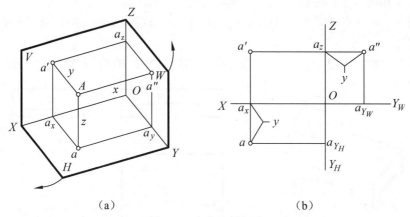

（a）　　　　　　　　　　　　　　　（b）

图2-13　点的三面投影

在投影体系中任取一个空间点 A，并分别向各投影面投射，其中：

❖　点 A 的水平投影记为 a，无撇号标识；

❖　点 A 的正面投影记为 a'，加一单撇号；

❖　点 A 的侧面投影记为 a''，加一双撇号。

为了能在同一张纸面上画出点的三投影，同样要展开投影体系。展开规则同前，展开结果如图 2-13（b）所示。

因 OY 轴为 H 和 W 投影面的交线，故展开后有两个位置，依次记为 OY_H 及 OY_W。

2. 点的投影分析

总结和掌握点的投影特点，有助于巩固所学知识，提高解题的能力及速度。

1）点的投影与坐标的关系

如图 2-13 所示，设空间点 A 的坐标为 (x, y, z)，则其三面投影的坐标依次为：$a(x, y)$、$a'(x, z)$ 和 $a''(y, z)$。

2）点的投影规律

根据上述讨论易推知，对于点的三投影，必有：

❖　$a'a'' \perp OZ$（∵ a' 及 a'' 均反映点 A 的 z 坐标）。

❖　$aa' \perp OX$（∵ a 及 a' 均反映点 A 的 x 坐标）。

❖　$aa_x = a''a_z$（∵ a 及 a'' 均反映点 A 的 y 坐标）。

事实上，上述规律正是"高平齐、长对正、宽相等"投影规律的理论依据。

3. 由点的二投影求第三投影

从上述讨论的点的投影与坐标的关系中，我们知道点的每个投影均反映该点的某两个坐标，且三投影间存在着明显的相关性。如下所示：

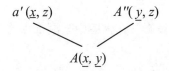

因此，根据点的二投影，可以求出其第三投影。

【例2-2】已知点 A 的两面投影 a' 及 a''，试作出其第三投影 a，如图2-14（a）所示。

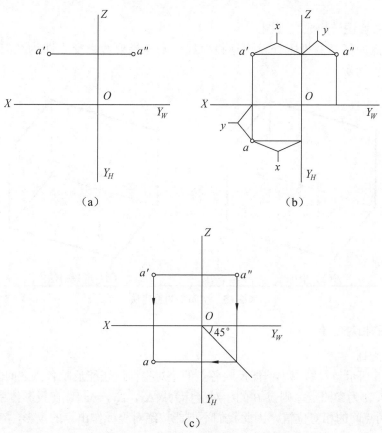

（a）　　　　　　　　　　　　　　（b）

（c）

图2-14　由点的二投影求第三投影

【解】可采用两种方法来完成。

方法一，利用坐标作图。如图 2-14（b）所示，步骤如下：

（1）在点 A 的正面及侧面投影中，分别量取其 x 坐标及 y 坐标。

（2）沿 OX 轴截取 x 坐标值，并沿 OY_H 轴截取 y 坐标值，所得即为点 A 的水平投影 a。

方法二，利用投影规律作图。如图 2-14（c）所示，步骤如下：

（1）过 a' 向下作竖直线（∵ $a'a \perp OX$）。

（2）在右下象限中过点 O 作 45°辅助线，以便在侧面投影 a'' 及水平投影 a 之间传递 y 坐标。

（3）过 a'' 向下作竖直线，交至 45°辅助线时并折返向左，再与过 a' 的竖直线相交，则交点即为水平投影 a（∵ $aa_x = a''a_z$）。

4. 空间点的重建方法

空间点的重建是根据点的投影（在大脑中）溯推点的空间位置。这实质上是一种最简单的"看图"训练。

1）坐标法

从相关的投影图中获取点的三坐标，再参照图2-15（a），很容易溯推出空间点的位置。

2）逆投射法

步骤如下：

（1）将投影图转换成直观图。

（2）由点的任意两投影处发出逆投射线，则逆投射线之交点即为空间点的位置，如图2-15（b）所示。

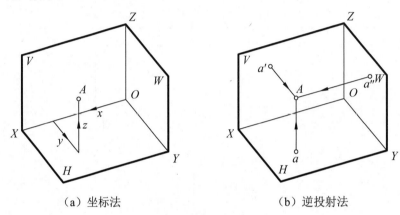

（a）坐标法　　　　　　　　　　　（b）逆投射法

图2-15　空间点的重建法

5. 两点的相对位置

1）相对坐标

如图2-16所示，投影图不但能反映各点的绝对坐标，还能反映各点之间的相对坐标。例如，若以点 A 为参照点，则点 B 的相对坐标为（Δx，Δy，Δz）。在投影体系中，相对坐标用于确定两点间的相对位置，因此我们不但能按绝对坐标作出点的投影，在选定参照点后，还能按相对坐标作出有关点的投影。

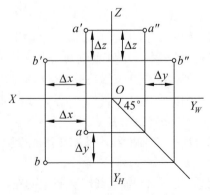

图2-16　相对坐标

【例2-3】如图2-17（a）所示，已知点 A 的投影，点 B 在点 A 的左方10、下方15及前方12位置处，试作出点 B 的投影。

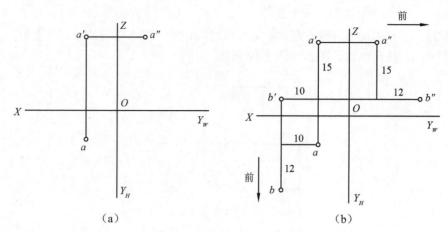

（a）　　　　　　　　　　　　　（b）

图2-17　利用相对坐标作图

【解】由题意可知，以点 A 为参照点，且点 B 的相对坐标为：

$$\Delta x=10;\quad \Delta y=12;\quad \Delta z=^-15$$

故可按以下步骤作图：

（1）自 a' 向下量15，再向左量10，得 b'。

（2）自 a 向左量10，再向前量12，得 b。

（3）自 a'' 向下量15，再向前量12，得 b''。

2）重影点

当空间两点处于同一投射线上时，它们在与该投射线垂直的投影面上的投影重合，这两点称为关于该投影面的重影点。如图2-18所示，点 A 与点 B、点 C、点 D 分别为关于 V、H 及 W 投影面的重影点。

在一对重影点中，远离投影面的一点可见，而离投影面较近的一点不可见。按规定，不可见点的投影应加括号，以示区别。

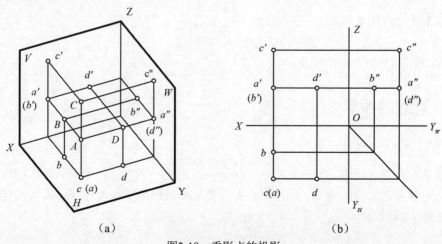

（a）　　　　　　　　　　　　　（b）

图2-18　重影点的投影

6. 无轴投影

根据图 2-17 的作图过程，可以发现，在使用相对坐标作图时，投影轴实质上并未起到作用。

一般地，当只需考虑点或点集的相对位置时，而无须关心它们的绝对位置时，可以将投影轴去掉，形成无轴投影图，如图 2-19 所示。

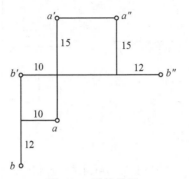

图2-19　无轴投影

【例 2-4】如图 2-20（a）所示，试求出 A、B、C 各点的第三投影。

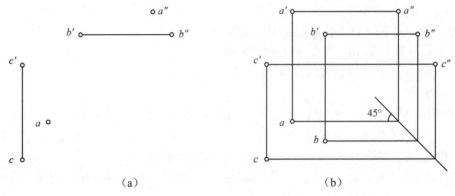

（a）　　　　　　　　　　（b）

图2-20　无轴投影作图

【解】作图方法及步骤如下：

（1）作 a'，并借助点 A 的三投影作出 45°辅助线。

（2）利用 45°辅助线作 b 及 c''。

2.1.4　直线的投影

1. 直线投影的确定

一般情况下，直线的投影仍为直线。由于两点决定一条直线，因而只要作出直线上任意两点（通常为直线段的端点）的投影，并将其同面投影用粗实线连线，即可确定直线的投影，如图 2-21 所示。

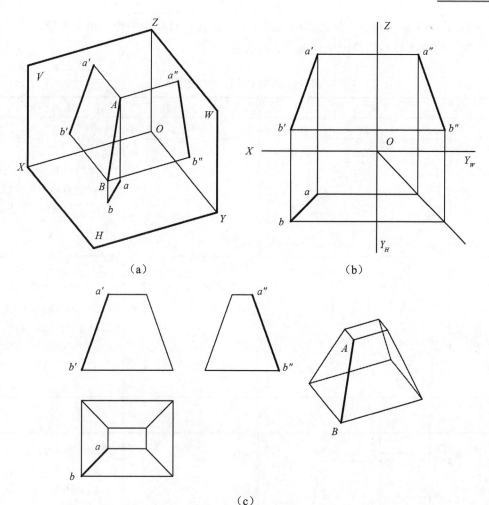

（a）　　　　　　　　　　　　　（b）

（c）

图2-21　直线的投影

2. 各种位置直线的投影特性

在三面投影体系下，直线可以分成三类。

❖　投影面的平行线：只平行于一个投影面的直线。

❖　投影面的垂直线：垂直于某一投影面的直线。

❖　一般位置直线：倾斜于三投影面的直线。

其中，前两类统称为特殊位置的直线。

1）投影面平行线

投影面的平行线同样可分为三类。

❖　水平线：平行于 H 投影面，同时又倾斜于 V 及 W 投影面的直线。

❖　正平线：平行于 V 投影面，同时又倾斜于 H 及 W 投影面的直线。

❖　侧平线：平行于 W 投影面，同时又倾斜于 V 及 H 投影面的直线。

投影面平行线具有以下共同的投影特性：

（1）在所平行的投影面上的投影为一斜线，并反映实长，即具有保真性。

（2）在其余两投影面上的投影均为缩短的直线段，且分别平行于相应的投影轴。

各种投影面平行线的投影特性如表 2-1 所示。

表2-1　投影面平行线的投影特性

名　　称	实　　例	投　影　图	特　　性
水平线	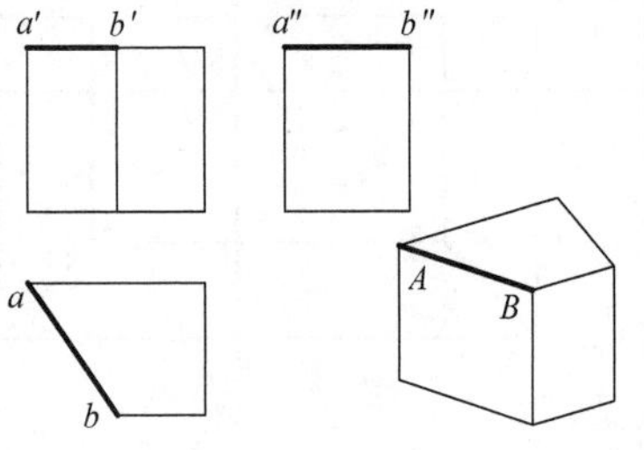	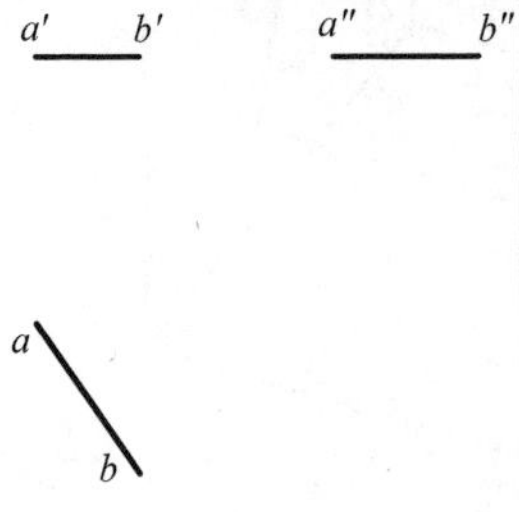	① ab为斜线，$ab=AB$ ② $a'b'\,/\!/\,OX$，$a'b'<AB$ ③ $a''b''\,/\!/\,OY_W$，$a''b''<AB$
正平线	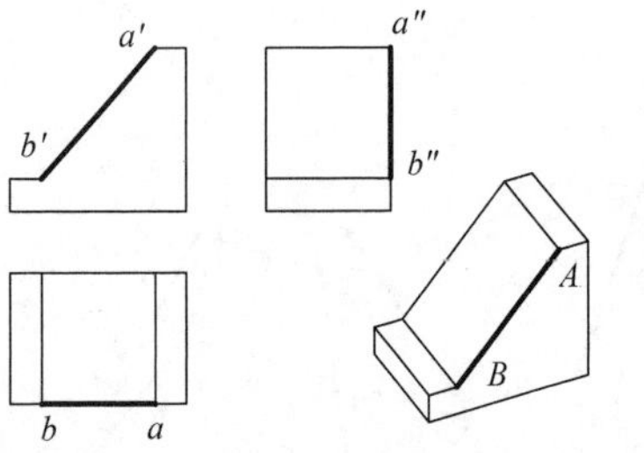	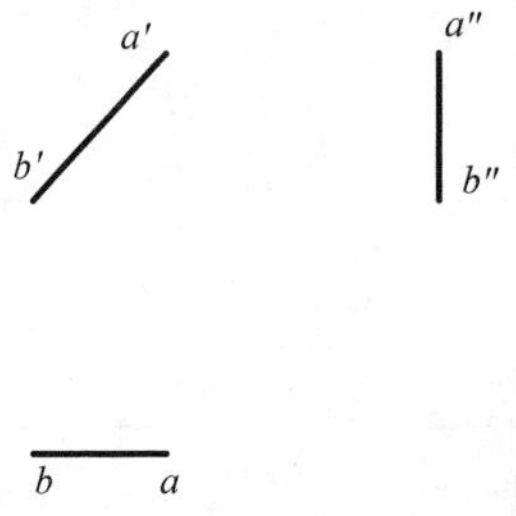	① $a'b'$为斜线，$a'b'=AB$ ② $ab\,/\!/\,OX$，$ab<AB$ ③ $a''b''\,/\!/\,OZ$，$a''b''<AB$
侧平线	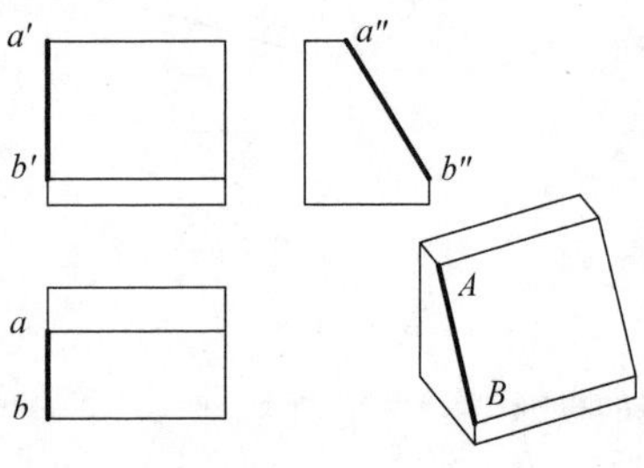	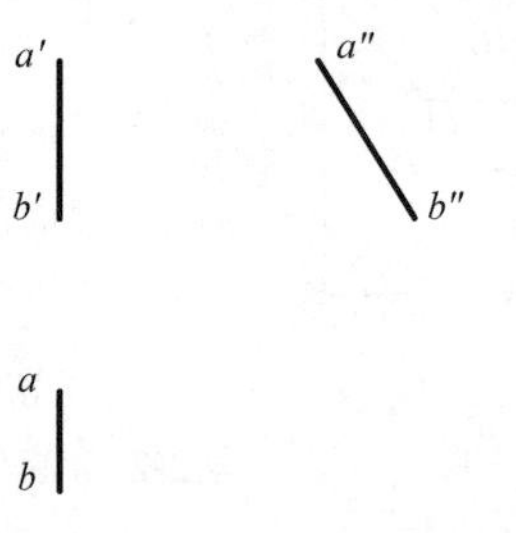	① $a''b''$为斜线，$a''b''=AB$ ② $a'b'\,/\!/\,OZ$，$a'b'<AB$ ③ $ab\,/\!/\,OY_H$，$ab<AB$

2）投影面的垂直线

投影面的垂直线也可分为三类。

❖　铅垂线：垂直于 H 投影面的直线。

❖　正垂线：垂直于 V 投影面的直线。

❖　侧垂线：垂直于 W 投影面的直线。

投影面的垂直线具有如下共同的投影特性：

（1）在其所垂直的投影面上的投影缩为一个点，即具有积聚性。

（2）在其余两个投影面上的投影均反映直线的实长，即具有保真性，同时分别垂直于相应的投影轴。

各种投影面垂直线的投影特性见表 2-2。

3）一般位置直线

一般位置直线的三投影均为斜线，且不反映实长，如图 2-21 所示。

表2-2　投影面垂直线的投影特性

名　称	实　例	投　影　图	特　性
铅垂线	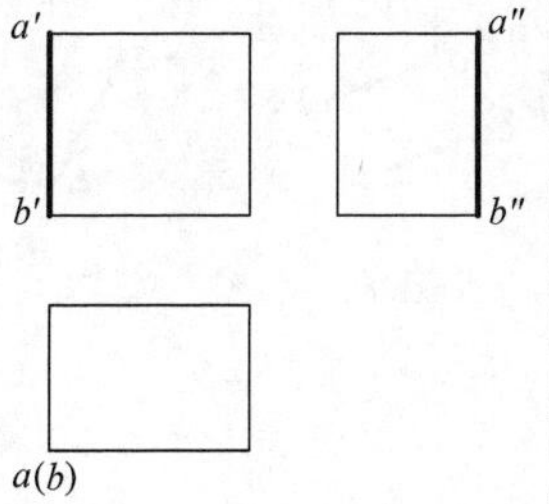 a' a'' b' b'' $a(b)$	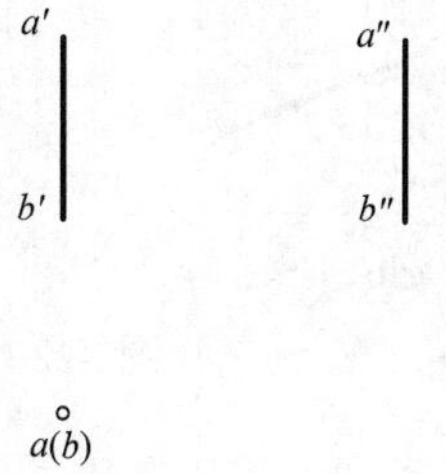 a' a'' b' b'' $a(b)$	① ab积聚为一点 ② $a'b'\perp OX$, $a'b'=AB$ ③ $a''b''\perp OY_W$, $a''b''=AB$
正垂线	$a'(c')$ c'' a'' c a	$a'(c')$ c'' a'' c a	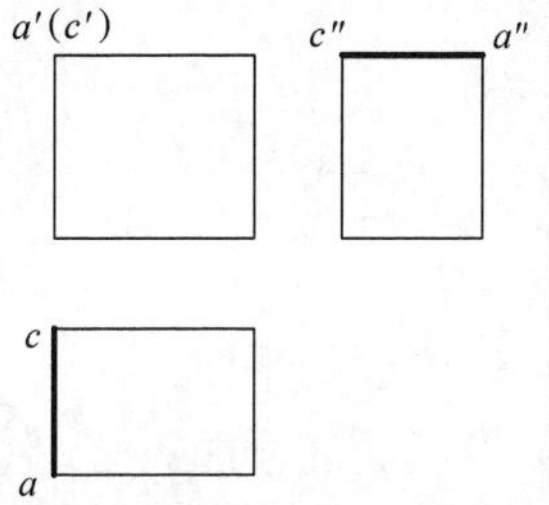 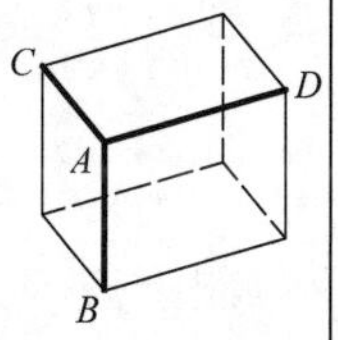 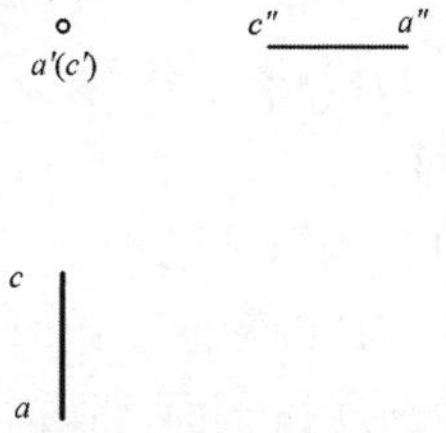 ① $a'c'$积聚为一点 ② $a''c''\perp OZ$, $a''c''=AC$ ③ $ac\perp OX$, $ac=AC$
侧垂线	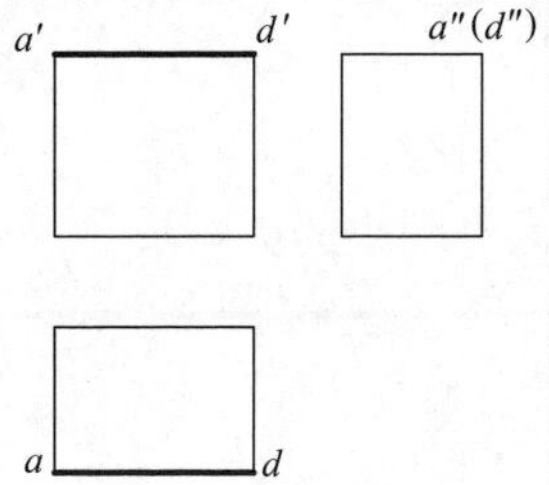 a' d' $a''(d'')$ a d	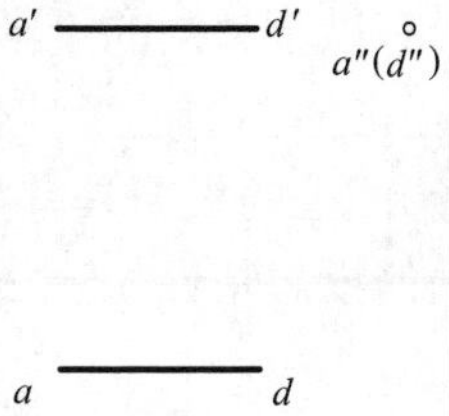 a' d' $a''(d'')$ a d	① $a''d''$积聚为一点 ② $ad\perp OY_H$, $ad=AD$ ③ $a'd'\perp OZ$, $a'd'=AD$

2.1.5　平面的投影

1. 平面的表示方法

在立体几何中，确定平面的方式有五种。

（1）不在一条直线上的三点，可确定一个平面；

（2）直线及线外一点，可确定一个平面；

（3）相交的两条直线，可确定一个平面；

（4）平行的两条直线，可确定一个平面；

（5）任意的平面图形。

投影理论中，只需将上述方式简单地转换成投影形式，即可实现平面的投影表示，如图 2-22 所示（图中未绘出侧面投影）。

2. 各种位置平面的投影特性

在三面投影体系下，平面可分为三类。

❖　投影面的垂直面：只垂直于一个投影面的平面。

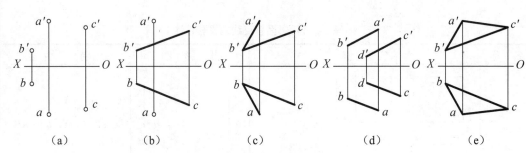

图2-22 平面的投影表示

❖ 投影面的平行面：平行于某个投影面的平面。

❖ 一般位置平面：倾斜于三个投影面的平面。

其中，前两类统称为特殊位置平面。

1）投影面的垂直面

投影面的垂直面可分为以下三种。

❖ 正垂面：垂直于 V 投影面，同时又倾斜于 H 及 W 投影面的平面。

❖ 铅垂面：垂直于 H 投影面，同时又倾斜于 V 及 W 投影面的平面。

❖ 侧垂面：垂直于 W 投影面，同时又倾斜于 V 及 H 投影面的平面。

投影面的垂直面具有以下共同的投影特性：

（1）在所垂直的投影面上的投影具有积聚性，且为一斜线。

（2）在其余两投影面上的投影具有类似性，即分别为一缩小的类似形。

各种投影面垂直面的投影特性如表 2-3 所示。

表2-3 投影面垂直面的投影特性

名 称	实 例	投 影 图	特 性
正垂面			① p' 具有积聚性，且为一条斜线 ② p 及 p'' 为缩小的类似形
铅垂面			① p 具有积聚性，且为一斜线 ② p' 及 p'' 为缩小的类似形

续表

名　称	实　例	投　影　图	特　性
侧垂面			① p''具有积聚性，且为一斜线 ② p 及p'为缩小的类似形

2）投影面的平行面

投影面的平行面可分为以下三种。

❖　正平面：平行于 V 投影面的平面。

❖　水平面：平行于 H 投影面的平面。

❖　侧平面：平行于 W 投影面的平面。

投影面的平行面具有如下共同的投影特性：

（1）在所平行的投影面上的投影具有保真性。

（2）在其余两投影面上的投影具有积聚性，且分别垂直于相应的投影轴。

各种投影面平行面的投影特性如表 2-4 所示。

表2-4　投影面平行面的投影特性

名　称	实　例	投　影　图	特　性
正平面			① p'具有保真性 ② p具有积聚性，且$p\perp OY_H$ ③ p''具有积聚性，且$p''\perp OY_W$
水平面			① p具有保真性 ② p'具有积聚性，且$p'\perp OZ$ ③ p''具有积聚性，且$p''\perp OZ$
侧平面			① p''具有保真性 ② p具有积聚性，且$p\perp OX$ ③ p'具有积聚性，且$p'\perp OX$

3）一般位置平面

如图 2-23 所示，ΔABC 倾斜于 V、H 及 W 三个投影面，因此它的三投影均具有类似性，即 $\Delta a'b'c'$、Δabc 及 $\Delta a''b''c''$ 皆为缩小的类似形。

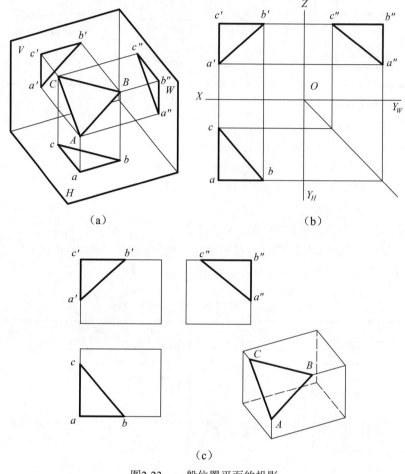

（a）

（b）

（c）

图2-23　一般位置平面的投影

2.2　平面立体的投影

立体按照其表面的性质，可分为平面立体和曲面立体两大类。表面都是由平面围成的立体称为平面立体；表面是由曲面围成或由曲面与平面围成的立体称为曲面立体。

2.2.1　平面立体投影的概念

平面立体的投影实质上是关于其表面上点、线、面投影的集合，且以棱边的投影为主要特征，对于可见的棱边，其投影以粗实线表示，反之，则以虚线示之。

1. 棱柱的投影

以五棱柱为例讨论。图 2-24 所示的是一铅垂放置的正五棱柱，它的上下底面为一对平行的正五边形，5 个棱面为全等的矩形。

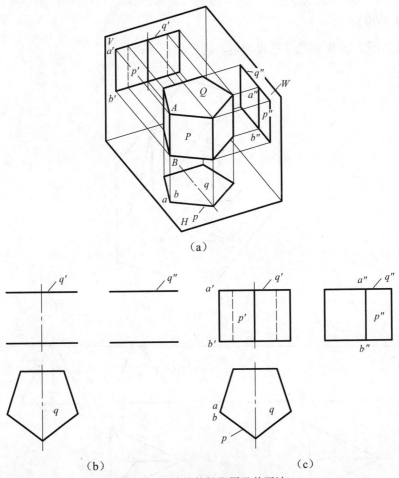

图2-24 五棱柱的投影图及其画法

1）投影分析

五棱柱的上下底面均为水平面，因此它们的水平投影会重合且能反映实形，而其余两面投影则积聚为水平直线段；它的后棱面为正平面，其正面投影反映实形，同时，水平投影及侧面投影积聚为直线段；其余四个棱面都是铅垂面，它们的水平投影分别积聚为倾斜的直线段，正面及侧面投影都为类似形。

每条棱均为铅垂线，它们的水平投影分别积聚到五边形的各顶点，并且这些棱线的正面投影及侧面投影皆为反映柱高的竖直线段。

一般而言，棱柱的投影具有这样的特性：一个投影反映底面实形，而其余两投影则为矩形或复合矩形。

2）投影绘制

棱柱的投影图通常按下列步骤绘制：

（1）绘制投影图的对称线和中心线（如果有的话）。

（2）绘制底面的各投影。

（3）添加棱线的投影（注意区分可见性）。

投影图中，当多种图线发生重叠时，应按粗实线、虚线、点画线的顺序分别进行绘制。

2. 棱锥的投影

下面以如图 2-25 所示的三棱锥为例，进行分析讨论。

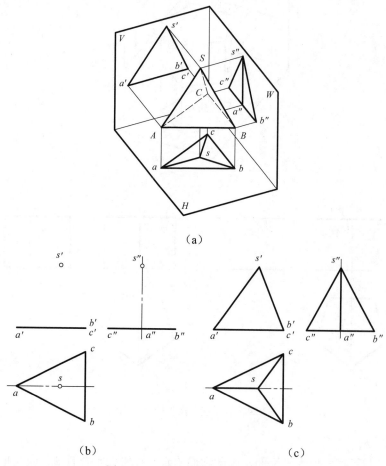

（a）

（b）　　　　　　　　　　（c）

图2-25　三棱锥的投影图及其画法

如图 2-25 所示，三棱锥的底 $\triangle ABC$ 为水平面，棱面 $\triangle SBC$ 为正垂面，棱面 $\triangle SAB$ 及 $\triangle SAC$ 为一般位置平面；棱线 SA 为正平线，棱线 SB、SC 为一般位置直线。上述几何要素的投影特性，读者可自行分析。

一般地，棱锥的投影具有这样的特征：一个投影为复合多边形，而其余两投影则为三角形或复合三角形。

通常，在分析形体投影时，应注意如下两点：

（1）弄清形体的投影与其表面上几何要素投影的关系；

（2）把有关投影联系起来分析。

上述注意事项不但用于分析平面立体投影，对任何形体都是适用的。

棱锥的投影可按下列步骤绘制：

（1）绘制投影图的对称线及中心线。

（2）绘制锥底的各投影。

（3）作锥顶的各投影。

（4）在锥顶与其他顶点的同面投影间作连线，以绘出各棱线的投影。

2.2.2　平面立体的投影分析

无论在空间还是在投影图中，立体与其表面的几何要素的关系都是非常密切的，尤其对平面立体更是如此。探讨几何要素的投影是为了更好地解决立体的投影问题。前面我们讨论过个体几何要素的投影特性，下面将在此基础上进一步讨论几何要素间的相对投影特性。

1. 直线上的点

如图 2-26（a）所示，K 为直线 AB 上的一点，它的投影应有如下特性。

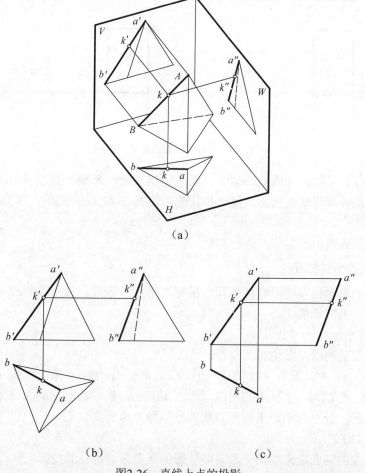

（a）

（b）　　　　　　（c）

图2-26　直线上点的投影

1）从属性

直线上点的投影必处在直线的同面投影上。

从图 2-26（a）中可以直观地看出：

∵ $K \in AB$

∴ $k \in ab$，$k' \in a'b'$，$k'' \in a''b''$

图 2-26（b）、（c）为点 K 与所属直线 AB 的投影关系。

2）定比性

点分直线段的比，投影后保持不变。

图 2-26（a）中，因 Aa'、Kk' 及 Bb' 为一组平行且共面的直线，故有 $a'k' : k'b' = AK : KB$；同理 $ak : kb = a''k'' : k''b'' = AK : KB$。

【例 2-5】判断点 K 与直线 AB 的相对位置，图 2-27（a）。

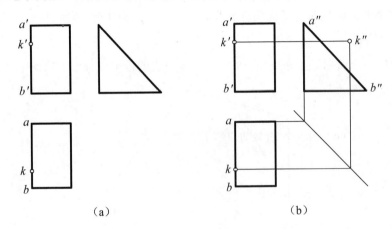

（a）　　　　　　　　　　　　（b）

图2-27　判断点 K 是否属于直线

【解】经分析可知，虽然 $k \in ab$ 且 $k' \in a'b'$，但这是点 K 属于直线 AB 的必要条件，而非充分条件。此时可作侧面投影，进一步判断。如图 2-27（b）所示，因为 $k'' \notin a''b''$，所以 $K \notin AB$。

当然，本例还可根据定比性进行判断。

2. 两直线的相对位置

两直线间的基本位置关系包括平行、相交、交叉（异面）三种情形。垂直则是内含于基本关系中的一种特殊情况。

1）两直线平行

平行两直线的同面投影均相互平行。

在图 2-28（a）中，因为 $AB /\!/ CD$、$Aa /\!/ Cc$，故平面 $ABba$ 平行于平面 $CDdc$，而 ab、cd 为平面 $ABba$ 及 $CDdc$ 与 H 面的交线，所以 $ab /\!/ cd$。同理，有 $a'b' /\!/ c'd'$，$a''b'' /\!/ c''d''$。

图 2-28（b）、（c）分别为平行两直线的投影图及示例图。

2）两直线相交

相交两直线的同面投影均相交，且其投影的交点必满足点的投影规律。

在图 2-29（a）中，AB 与 CD 为相交两直线，且交点为 K。

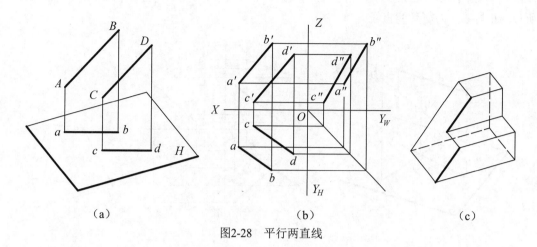

（a）　　　　　　　　　　　（b）　　　　　　　　　　　（c）

图2-28　平行两直线

（1）因为 $K \in AB$、$K \in CD$，故根据点对直线的从属性，必有 $k \in ab$ 和 $k \in cd$，即有 $k = ab \times cd$。同理，$k' = a'b' \times c'd'$，$k'' = a''b'' \times c''d''$。

（2）由于 k、k'、k'' 均为同一空间点 K 的投影，所以它们必须满足点的投影规律，即 $k'k \perp OX$ 及 $k'k'' \perp OZ$。

图 2-29（b）、（c）分别为相交两直线的投影图及示例图。

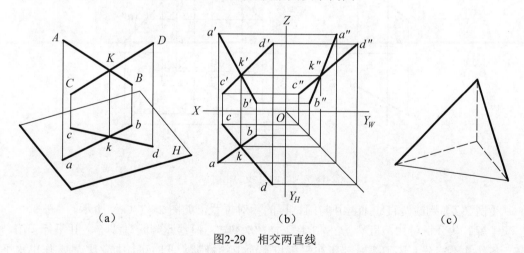

（a）　　　　　　　　　　　（b）　　　　　　　　　　　（c）

图2-29　相交两直线

3）两直线交叉

交叉两直线既不满足平行两直线的投影规律，也不满足相交两直线的投影规律。

交叉两直线的一面或两面投影可能平行，但不会三面投影都平行；它们的三面投影（或延长线）可能均相交，但其交点不会满足点的投影规律。

图 2-30 为交叉两直线及其投影图。

【例2-6】判断两直线 AB 与 CD 的相对位置，如图 2-31（a）所示。

【解】从图 2-31 中可知，AB 与 CD 的正面投影及水平投影均相交，且其交点的连线垂直于 OX 轴，但这并非两直线相交的充分条件，此时可添加 OZ 轴，作出侧面投影进一步判断，如图 2-31（b）所示。综合三面投影，由于它们的交点不完全满足点的投影规律，所以 *AB* 与 *CD* 为交叉两直线。

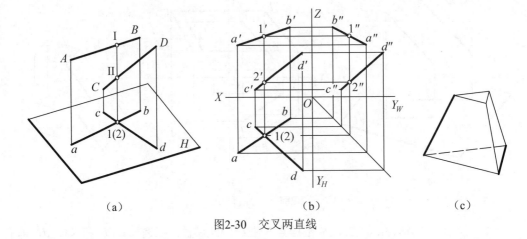

（a）　　　　　　　　　　（b）　　　　　　　　（c）

图2-30　交叉两直线

另外，本例也可按定比性判断。

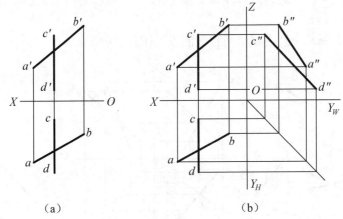

（a）　　　　　　　　　　　　（b）

图2-31　判断两直线的相对位置I

【例 2-7】判断两直线 Ⅰ、Ⅱ 与 Ⅲ、Ⅳ 的相对位置，如图 2-32（a）所示。

【解】从分析可知，虽然 1′2′∥3′4′及 1″2″∥3″4″，但据此判断直线 Ⅰ、Ⅱ 平行于 Ⅲ、Ⅳ，条件并不充分，还需要看其所在平行投影面上的投影。此时可添加 *OX* 轴，作出水平投影，进一步判断。如图 2-32（b）所示，直线的投影 12 不平行于 34，所以 Ⅰ、Ⅱ 与 Ⅲ、Ⅳ 也必为交叉两直线。

此外，本例还可根据直线方向、定比性，或通过检验连线 Ⅰ、Ⅳ 和 Ⅱ、Ⅲ 的相对位置等方法进行判断。

4）两直线垂直

垂直两直线的投影具有下列特性：

（1）若两直线均平行于某投影面，则它们在该投影面上的投影必然垂直。

（2）若两直线均倾斜于某投影面，则它们在该投影面上的投影必不垂直。

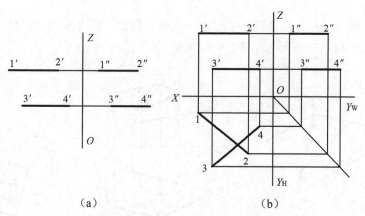

（a）　　　　　　　　　　　　　（b）

图2-32　判断两直线的相对位置Ⅱ

（3）若两直线之一平行于某投影面，则它们在该投影面上的投影仍然垂直，该特性称为直角投影定理。

直角投影定理证明如下：

在图 2-33（a）中，$AC \perp AB$，AC 为一条水平线。

$\because AC \perp AB$，$AC \perp Aa$

$\therefore AC \perp ABba$，$AC \perp ab$

又$\because AC$ 为水平线

$\therefore AC /\!/ ac$

$\therefore ac \perp ab$　　　　　　　证毕

图 2-33（b）、（c）分别为垂直两直线 AB、AC（$/\!/H$ 面）的投影图及示例图。需要注意的是 $a'c'$ 与 $a'b'$ 并不垂直。

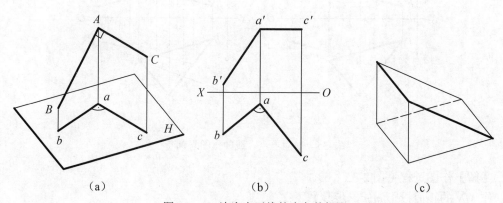

（a）　　　　　　　　　　（b）　　　　　　　　　　（c）

图2-33　一边为水平线的直角的投影

3. 平面上的直线和点

1）平面上的直线

要证明直线属于平面，应满足下列条件之一。

（1）过平面上的两点。例如，图 2-34 中的 DE 直线，因为 $D \in AB$、$E \in AC$，所以 $DE \subset$ 平面 ABC。

（2）过平面内一点，且平行于平面内一直线。例如，图 2-34 中的 AF 直线，因为 $A \in$ 平面 ABC，且 $AF /\!/ BC$，所以 $AF \subset$ 平面 ABC。

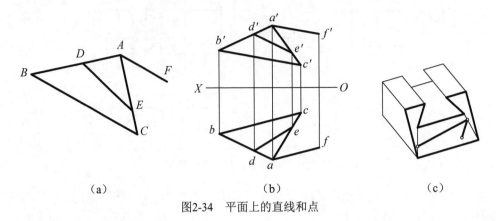

|（a）|（b）|（c）|

图2-34　平面上的直线和点

2）平面上的点

若点属于平面内某条直线，则该点属于该平面。例如，图 2-34 中，因为 $F \in AF$，$AF \subset$ 平面 ABC，所以 $F \in$ 平面 ABC。

【例 2-8】如图 2-35（a）所示，已知直线 MN 属于平面 ABC，要求作 MN 的正面投影 m'n'，并判断点 K 是否属于平面 ABC。

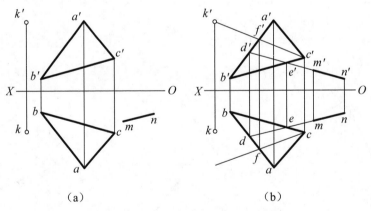

|（a）|（b）|

图2-35　平面上点、线的作图与判断

【解】作图过程见图 2-35（b）。

作 MN 的正面投影 m'n'，步骤如下：

（1）延长 nm，并分别交 ab、bc 于 d、e，DE 属于平面 ABC。

（2）根据投影关系，由 d、e 确定 d' 及 e'。

（3）作连线 d'e'，并在其上由 mn 定出 m'n'。

判断点 K 是否属于平面 ABC，步骤如下：

（1）作连线 c'k'，并交 a'b' 于 f'。

（2）根据投影关系，由 f' 得 f，并作连线 cf。

（3）因为 $k\notin cf$，故 $K\notin$ 平面 ABC。

4.直线与平面的相对位置

直线与平面间的基本位置关系有平行和相交，而垂直又是相交的特殊情况。

1）直线与平面平行

直线平行于平面的几何条件：直线平行于平面内一直线。例如，图 2-36（a）中，因为 $CD\subset$ 平面 P，$AB/\!/CD$，所以 $AB/\!/$ 平面 P。

在图 2-36（a）中，当 P 为铅垂面时，其投影形式如图 2-36（b）所示。

∵　$AB/\!/CD$

∴　$a'b'/\!/c'd'$，$ab/\!/cd$

又 ∵　$cd\subset p$

∴　$ab/\!/p$

因此，如果直线与投影面的垂直面平行，则在相应的投影面上，两者的投影也平行。图 2-36（c）为相关的示例图。

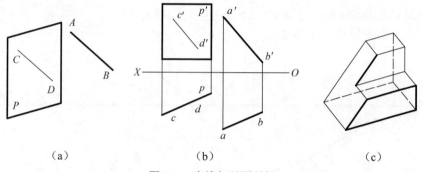

（a）　　　　　　　　　（b）　　　　　　　　　（c）

图2-36　直线与平面平行

2）直线与平面相交

直线与平面相交，必会产生交点，且交点为它们的共有点。作图时，除了应求出交点的投影外，一般还应判断直线投影的可见性。

如图 2-37 所示，直线 AB 与铅垂面 P 相交，K 为其交点。因投影 p 具有积聚性，故交点 K 的投影可按下列步骤求解。

（1）使投影 ab 与 p 作交点，交点即为 k。

（2）根据点对直线的从属性，由 k 在 $a'b'$ 上定出 k'。

直线与平面的正面投影部分重合，因此直线的该部分投影存在可见性问题。在水平投影中，ak 在 p 之前（即线段 AK 在平面 P 之前），以此可判定 $a'k'$ 为可见，应以粗实线绘制；同理，k' 以右部分为不可见，相应线段应以虚线绘制。显然，交点 K 为直线 AB 可见与不可见的分界点。

本例也可利用重影点来判别直线的可见性，读者可自行分析。

3）直线与平面垂直

直线垂直于平面的几何条件：直线同时垂直于平面内相交两直线。

例如，图 2-38（a）中，$AB \perp$ 平面 P。当 P 为正垂面时，相应的投影形式如图 2-38（b）所示。

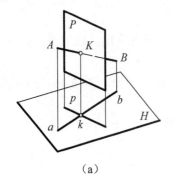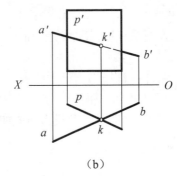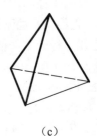

（a）　　　　　　　　（b）　　　　　　　　（c）

图2-37　直线与平面相交

$\because$　$AB \perp P$，P 为一正垂面

$\therefore$　AB 为正平线，$ab /\!/ OX$

又$\because$　AB 为正平线且垂直于平面 P 内任一直线

$\therefore$　根据直角投影定理，必有 $a'b' \perp p'$

图 2-38（c）为相关的示例图。

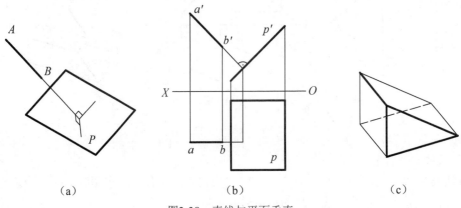

（a）　　　　　　　　（b）　　　　　　　　（c）

图2-38　直线与平面垂直

因此，如果直线与投影面的垂直面垂直，那么在相应投影面上，两者的投影也垂直；而在其他投影面上，该直线的投影应平行于有关的投影轴。

5. 两平面的相对位置

两平面之间的基本位置关系有平行及相交，而垂直则是相交关系的特殊情况。

1）两平面平行

两平面平行的几何条件：一平面上的相交两直线，分别平行于另一平面上的相交两直线。

例如，图 2-39（a）中，平面 $P /\!/$ 平面 Q。此处，当 P、Q 为铅垂面时，它们的投影形式如图 2-39（b）所示，其中 $p /\!/ q$。图 2-39（c）为相关的示例图。

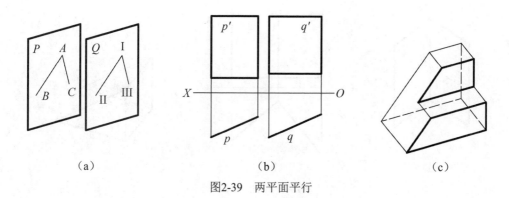

（a）　　　　　　　　　　（b）　　　　　　　　　　（c）

图2-39　两平面平行

因此，如果两平行平面垂直于某一投影面，则它们在该投影面上的积聚投影也平行。

2）两平面相交

两平面相交必产生交线，交线为它们的共有线。一般可先求出两个共有点，连接起来即为两平面的交线。此外，还应判断两平面投影的可见性。

例如，图2-40中，平面P与平面ABC相交。因为P为铅垂面，其水平投影p具有积聚性，借此可分别求出直线AB、AC与平面P的交点K、L的投影，将点K与L的同面投影连线，即可得到两平面交线的投影。

两平面的正面投影部分重合，这些部分存在可见性问题。在水平投影中，akl在p之前（即AKL在平面P之前），依此可判定a'k'l'为可见，应以粗实线绘制；同理，k'l'c'b'为不可见，相应线段应以虚线绘制。p'的可见性与之相反。

交线为平面可见与不可见部分的分界线，其投影为可见，应以粗实线绘制。

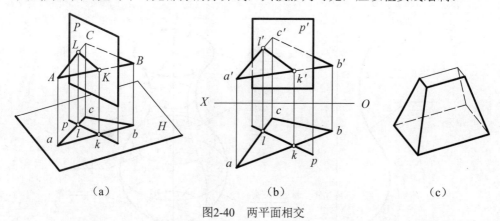

（a）　　　　　　　　　　（b）　　　　　　　　　　（c）

图2-40　两平面相交

3）两平面垂直

两平面垂直的几何条件：一平面过另一平面的垂线。

例如，图2-41（a）中，平面P⊥平面Q。若P、Q为铅垂面，则其投影形式如图2-41（b）所示，其中p⊥q。图2-41（c）为相关的示例图。

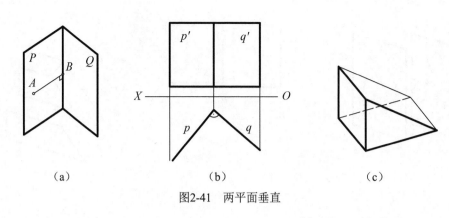

（a）   （b）   （c）

图2-41　两平面垂直

因此，如果两平面垂直且同时垂直于某投影面，那么它们在该投影面上的积聚投影也垂直。

2.3　回转立体的投影

2.3.1　回转面的概念

在图 2-42（a）中，OO 被称为轴线，C 被称为母线，母线绕轴线旋转一周所形成的轨迹称为回转面，如图 2-42（b）所示。

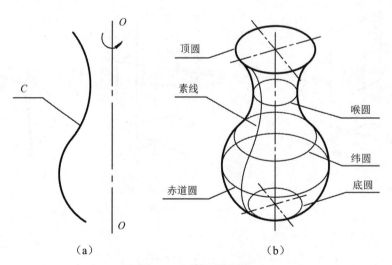

（a）   （b）

图2-42　回转面的形成

母线的每一个具体位置称为一条素线；母线上每个点的轨迹均为圆，并称为纬圆。纬圆的半径为纬圆上的点到轴线的距离，纬圆所在的平面垂直于轴线。按大小及位置的不同，纬圆可分为顶圆、底圆、喉圆、赤道圆及一般纬圆等，其中喉圆为最小纬圆，而赤道圆为最大纬圆。

2.3.2 圆柱的投影

1. 投影分析

图 2-43 所示为一铅垂放置的圆柱及其投影图。圆柱的水平投影为圆，正面投影及侧面投影均为矩形。

水平投影圆既可认为是顶圆及底圆的投影，也可视作为整个圆柱面的积聚性投影。在正面投影中，投影矩形的上下两边分别为顶圆及底圆的投影，其长度均为圆柱的直径；而左右两边 $a'a_1'$ 及 $b'b_1'$ 则为圆柱面的最左及最右素线 AA_1 和 BB_1 的正面投影，AA_1 及 BB_1 称为圆柱关于 V 面的转向线，它们确定了柱体正面投影的范围，并把圆柱表面分成前后两部分，从前向后看时，前半柱可见，而后半柱则不可见。AA_1 和 BB_1 的侧面投影位于图形的对称轴线上。规定：回转体对某投影面的转向线，只能在该投影面上绘制，其他投影面上则不再绘制。

圆柱的侧面投影及对侧投影面转向线的投影特性，读者可自行分析。

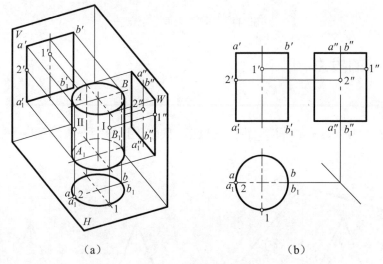

图2-43 圆柱及其投影

图中标出了圆柱最前素线上点Ⅰ及最左素线上点Ⅱ的各投影，以进一步体现各特殊素线的投影特点。

绘制圆柱的投影图时，应先绘制有关的对称轴线及圆的中心线，然后绘制圆的投影，最后绘制其他投影。

2. 表面上定点

当圆柱的轴线垂直于某投影面时，其相应柱面在该投影面上的投影具有积聚性。可利用该特性来处理圆柱体表面上的定点问题。

如图 2-44 所示，已知圆柱体表面上的点 M 和 N 的正面投影 m' 和 n'，则它们的其余两投影之求解过程如下：

（1）因为圆柱面的水平投影积聚为圆，故可在其上直接作出两点的水平投影 m 和 n。考虑到投影 m' 不可见，故投影 m 在后半圆上。

（2）根据点的投影规律，由两点的正面及水平投影分别求出它们的侧面投影 m'' 及 n''。因为点 N 位于右半柱面，所以 n'' 不可见。

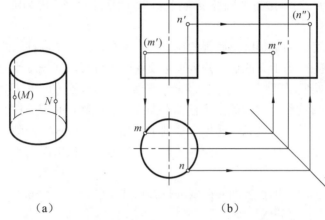

（a）   （b）

图2-44　在圆柱表面上定点

2.3.3　圆锥的投影

1. 投影分析

图 2-45 所示为一铅垂放置的圆锥的三投影，其水平投影为一圆，而正面投影及侧面投影均为等腰三角形。

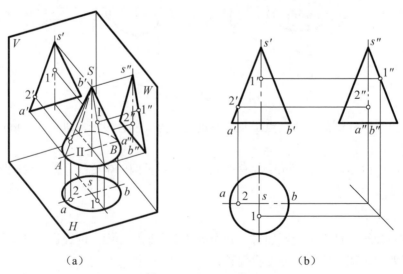

（a）   （b）

图2-45　圆锥及其投影

由于圆锥的投影无积聚性，所以其水平投影圆只代表圆锥的底圆，整个锥面的投影均被围在水平投影圆内。正面投影的底边为圆锥底圆的投影，$s'a'$、$s'b'$为圆锥关于 V 面的转向线 SA 和 SB 的正面投影。侧面投影与正面投影类似，请自行分析。

图中还显示出了圆锥最前素线上点Ⅰ及最左素线上点Ⅱ的各投影，借此可进一步了解各特殊素线的投影特点。

在绘圆锥的投影图时，应先画出有关的对称轴线及中心线；然后绘制圆投影；最后再绘制其余两投影。

2. 表面上定点

考虑到锥面的投影无积聚性，因此只能通过辅助线来解决圆锥面上的定点问题。在圆锥面上，可供利用的辅助线有两种，即素线和纬圆，如图 2-46（a）所示。

方法一，纬圆法。例如，在图 2-46（b）中，已知圆锥面上的点 M 的水平投影 m，以纬圆为辅助线来求解 M 的其余两投影，步骤如下：

（1）以投影 s 为圆心、sm 为半径作圆，即得辅助纬圆的水平投影 l。

（2）作相应纬圆的正面投影 l'，并在其上定出点 M 的正面投影 m'。

（3）按投影关系，由 m' 及 m 求出 m''。

方法二，素线法。例如，在图 2-46（c）中，以素线为辅助线来求解点 M 的其余两投影，步骤如下：

（1）连线 sm 并交锥底圆水平投影于 l，则 sl 即为辅助素线的水平投影。

（2）作相应素线的正面投影 $s'l'$，并在其上定出点 M 的正面投影 m'。

（3）按投影关系，由 m' 及 m 求出 m''。

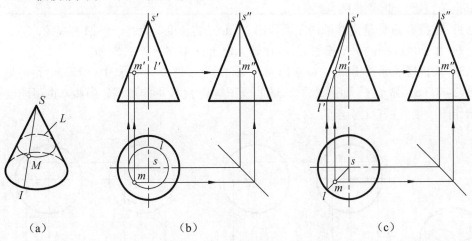

（a）　　　　　　　（b）　　　　　　　（c）

图2-46　在圆锥表面上定点

2.3.4　圆球的投影

1. 投影分析

图 2-47 为一圆球的投影图。其三投影均为大圆，即其直径等于球的直径。圆球具有三个方向的转向线，且每条转向线的其余两投影均在点画线上。

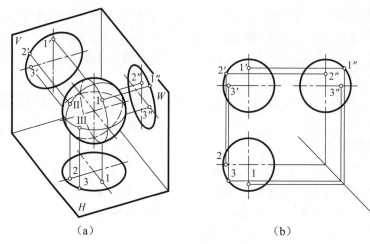

图2-47　圆球及其投影

图中在三条转向线上各取一点，即Ⅰ、Ⅱ及Ⅲ点，并作出了它们的各投影，以进一步明确这些转向线的投影特点。

在绘制圆球的投影图时，应首先画出各投影中的中心线，然后再画出各投影图。

2. 表面上定点

圆球的投影也无积聚性，在球面上定点只能辅以纬圆来实现，如图2-48（a）所示。

如图2-48（b）所示，已知球面上的点M的正面投影m'，以水平纬圆为辅助线来求解M的其余两投影，步骤如下：

（1）过投影m'作辅助纬圆的正面投影l'，而l'的长度即为相应纬圆的直径。

（2）作辅助纬圆的水平投影l，并在其上定出点M的水平投影m。

（3）按投影关系，由m'及m求出m''。因为点M位于右半球面，所以m''不可见。

图2-48（c）显示了以正平纬圆为辅助线图解点M投影的过程。当然，也可通过侧平纬圆来作图，读者可自行分析。

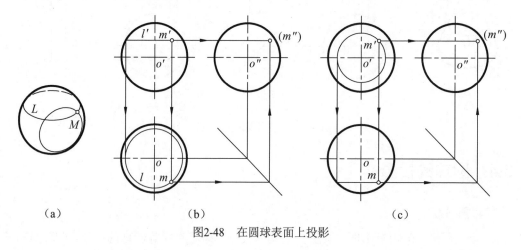

（a）　　　　　　　　　　　（b）　　　　　　　　　　（c）

图2-48　在圆球表面上投影

第3章　集　合　体

3.1　集合体的构形分析

3.1.1　形体分析法

任何空间形体，不论形状简单还是复杂，都可以把它们看成是由若干基本体在给定的空间位置上，按一定操作规则集合形成的。这种认识空间形体的方法称为形体分析法。因此，将除基本体以外的空间形体统称为集合体。

例如，如图 3-1 所示的集合体 M，可以看成由 A、B、C、D、E、F、G 这 7 个基本体按一定操作规则集合而成（7 个基本体的空间位置见集合体 M）。

$$M = (\,(\,(\,(A \cup B \cup C \cup D) - E\,) - F\,) - G$$

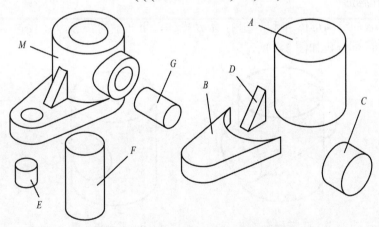

图3-1　集合体的构形——形体分析法

采用形体分析法，可以将一个复杂的问题转化为若干简单的问题，使解题变得容易，另一方面，通过了解集合体的各个部分进而掌握整体，使认识具有条理性，同时有利于形体的空间想象以及空间形状的描述。因此，形体分析法是认识集合体的基本方法，在集合体的构形、画图、看图、尺寸标注等过程中都要运用形体分析法。

3.1.2　集合体构形的基本方法

根据形体分析法，构造集合体主要采用集合操作方法。

1. 并操作构形

对部分重合的空间形体 A 和 B 进行 $A \cup B$ 操作，所产生的新形体 C 包括了形体 A 和 B 的所有部分，形体 A 和 B 的重合部分则并为一体，如图 3-2（a）、（b）所示。在形体 C 中，形体 A 上伸入形体 B 中的轮廓消失了；形体 B 上伸入形体 A 中的轮廓也消失了，它们都成了形体 C 的内部，不再是表面轮廓，如图 3-2（c）中的双点画线部分。

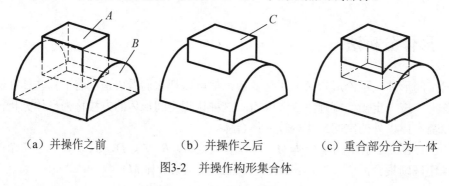

（a）并操作之前　　　　　（b）并操作之后　　　　（c）重合部分合为一体

图3-2　并操作构形集合体

2. 差操作构形

对部分重合的空间形体 A 和 B 进行 $A-B$ 操作，所产生的新形体 C 仅包括形体 A 中未和形体 B 重合的部分，如图 3-3 所示。

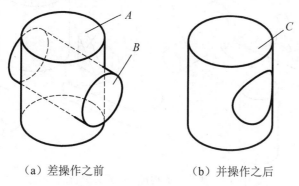

（a）差操作之前　　　　　　　（b）并操作之后

图3-3　差操作构形集合体

3. 交操作构形

对部分重合的空间形体 A 和 B 进行 $A \cap B$ 操作，所产生的新形体 C 仅包括形体 A 和 B 的重合部分，如图 3-4 所示。

又如图 3-4（b）所示的集合体，顶部是轴线水平的圆柱面，可以看成由轴线垂直相交的两个圆柱体交操作形成。其中，水平大圆柱体的半径为集合体顶部圆柱面的半径。

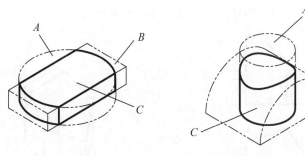

(a) 底板构形　　　　(b) 顶面为圆柱面的圆柱体构形

图3-4　交操作构形集合体

为了便于比较，以图 3-5（a）中的形体 A、B 为例，将不同的集合操作结果列于图 3-5 中。从中可以看出，同样的两个形体，且两形体的相对位置不变，由于集合操作方式不同，集合操作后的形体则完全不同。

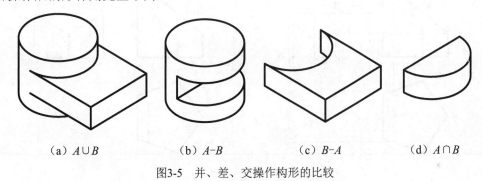

(a) $A \cup B$　　　　(b) $A - B$　　　　(c) $B - A$　　　　(d) $A \cap B$

图3-5　并、差、交操作构形的比较

3.2　集合体上邻接表面关系

根据形体分析法以及第 2 章的讨论，集合体上各形体的投影问题已解决，这一节讨论形体集合操作后，表面连接处的情况及投影。集合体上相邻表面间的连接关系有相交、共面、相切三种情况，其中相交的情况包括两平面的交线、截交线、相贯线。

3.2.1　平面与平面相交

有一部分形体可看成是由平面立体经切割后形成的，如图 3-6 和图 3-7 所示的形体。平面切割平面立体的交线是一个多边形，而多边形的顶点就是切割平面与平面立体上棱线的交点，所以画图的关键是求出该多边形顶点的三面投影。画这类形体的投影时，通常是先画出切割前的平面立体的完整投影，然后画出切割平面与立体表面的交线（多边形）的投影，再擦去多余的轮廓。

【**例3-1**】画出图3-6所示形体的左视图，补全俯视图。

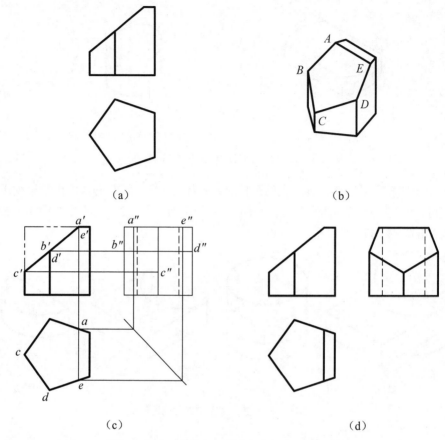

（a）   （b）

（c）   （d）

图3-6 画出五棱柱切口的左视图，补全俯视图

【**解**】（1）分析：该形体可看成五棱柱切去一部分后形成的，切割后形成的平面五边形为一正垂面，正面投影积聚为一直线，多边形上各顶点的正面投影都在这一直线上，同时分别属于立体上与切割平面相交的各棱线。

（2）作图过程：

① 画出完整五棱柱的左视图。

② 找出切割平面与五棱柱上棱线的交点（多边形顶点）的正面投影和水平投影。

③ 求出多边形顶点的侧面投影，并按照 a''、b''、c''、d''、e'' 的顺序依次连线，作出多边形的侧面投影。

④ 补画俯视图中 d、e 两点的连线，擦去多余图线，如图 3-6（d）所示。

注意，【**例3-1**】中所提到的左视图即为侧面投影，俯视图为水平投影，主视图为正面投影。

【例3-2】画出截头三棱锥的左视图，补全俯视图，如图3-7所示。

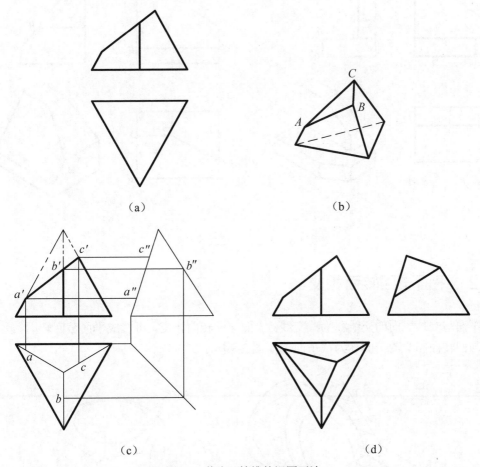

（a）　　　　　　　　　　　　（b）

（c）　　　　　　　　　　　　（d）

图3-7　截头三棱锥的视图画法

【解】（1）分析：该形体可看成三棱锥切去锥顶部分后形成的，切割后形成的三角形的三个顶点分别在三棱锥的三条棱线上，利用点在线上这一特点，即可求出三角形顶点的其他两投影。

（2）作图过程：

① 画出完整三棱锥的左视图和俯视图。

② 在主视图中找出三角形的三个顶点（切割平面与三条棱线的交点）。

③ 在三条棱线的水平投影和侧面投影中，分别求出顶点的对应投影。

④ 在俯视图和左视图中作出切割后形成的三角形，擦去多余图线，如图3-7（c）所示。
集合体上两平面的交线一般称为棱线，当棱线的投影不积聚时，可分为两种情况：

❖ 当棱线所属的一个表面垂直于某投影面时，棱线在该投影面上的投影与棱线所属表面的投影重合，在这种情况下不需要单独画出棱线的投影，如图3-8（a）所示的 $a''b''$ 和 cd，以及图3-8（b）中的 cd 和 $a'b'$。

❖ 当棱线所属的两个表面均不垂直于某投影面时，棱线在该投影面上的投影需单独画出，见图3-8（a）中的 $a'b'$ 和 $c''d''$，以及图3-8（b）中的 ab 和 $c'd'$。

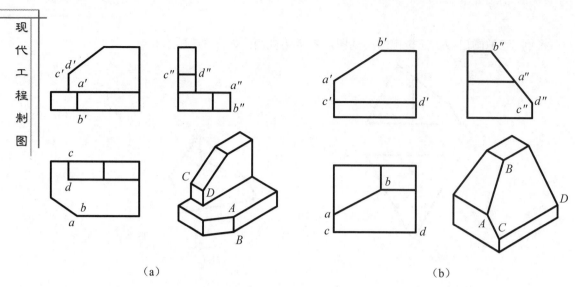

（a）　　　　　　　　　　　　　　　（b）

图3-8　集合体上棱线的投影

3.2.2　平面与回转面相交

平面与立体表面的交线称为截交线。平面与回转面相交，可看成平面截回转面。因此，又将与回转面相交的平面称为截平面，如图3-9所示。

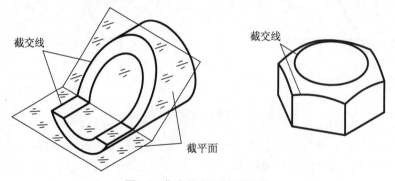

图3-9　集合体表面的截交线

1. 截交线的性质

截交线是平面曲线，特殊情况下为直线。截交线是平面与回转面的共有线，截交线上的点是平面与回转面的共有点。

2. 截交线的形状

截交线的形状与回转面的类型及平面与回转面的相对位置有关。平面与常见回转面的截交线形状及投影见表3-1。只有熟悉表中各种情况下所产生的截交线形状及其投影特点，才能在三视图中正确地作出这些截交线的投影。

表3-1　平面与常见回转面的截交线形状及投影

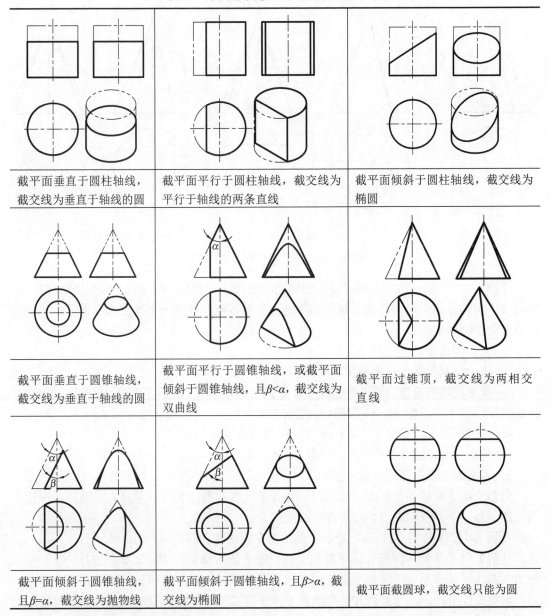

截平面垂直于圆柱轴线，截交线为垂直于轴线的圆	截平面平行于圆柱轴线，截交线为平行于轴线的两条直线	截平面倾斜于圆柱轴线，截交线为椭圆
截平面垂直于圆锥轴线，截交线为垂直于轴线的圆	截平面平行于圆锥轴线，或截平面倾斜于圆锥轴线，且$\beta<\alpha$，截交线为双曲线	截平面过锥顶，截交线为两相交直线
截平面倾斜于圆锥轴线，且$\beta=\alpha$，截交线为抛物线	截平面倾斜于圆锥轴线，且$\beta>\alpha$，截交线为椭圆	截平面截圆球，截交线只能为圆

3. 三视图中截交线的画法

求截交线可以归结为求截交线上的点。根据截交线的性质可知，截交线上的点既属于平面，又属于回转面，因此，可采用第 2 章所介绍的表面取点法，求出截交线上的点，进而作出截交线。下面根据表 3-1 中所列截交线的形状，分类讨论在三视图中截交线的画法。

1）截交线为直线段

截交线为直线段时，其投影一般也为直线段。因此，只需求出截交线两端点，即可画出截交线。

【例3-3】画出图 3-10（a）所示集合体的左视图和俯视图。

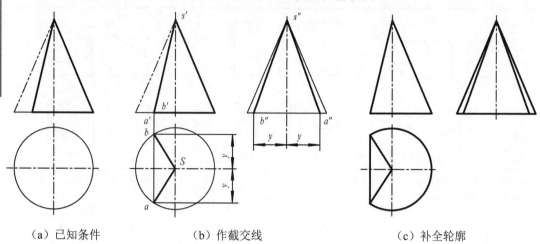

（a）已知条件　　　　　（b）作截交线　　　　　（c）补全轮廓

图3-10　作截切圆锥的俯视图和左视图

【解】（1）分析：该集合体可视为圆锥被平面截去一部分后形成的，截平面通过锥顶，由表 3-1 可知，截交线为相交于锥顶的两直线。两条截交线的一个端点都在锥顶；另一个端点分别在圆锥的底圆上。

（2）作图过程：

① 画出完整圆锥的左视图和俯视图。

② 从主视图可直接找到两条截交线在底圆上的端点 a'、b'，并求出 a、b 和 a''、b''。作出截交线的水平投影 sa、sb 和侧面投影 $s''a''$、$s''b''$。

③ 在俯视图中画出截平面与圆锥体底面的交线 ab，见图 3-10（b）。

④ 补全轮廓，擦去多余图线，见图 3-10（c）。

2）截交线为投影面平行圆（弧）

当截交线为投影面平行圆、圆弧时，其投影反映实形或积聚。因此，当确定了视图中圆弧的圆心、半径及两端点，即可画出截交线。

【例3-4】画出图 3-11（a）所示集合体的左视图和俯视图。

【解】（1）分析：该集合体可看成由圆球差去长方体后形成的，如图 3-11（b）所示的直观图。差操作形成的两截平面分别为水平面和侧平面，共有两条截交线。由表 3-1 可知，两截交线分别为水平圆弧和侧平圆弧。水平圆弧的水平投影反映实形，圆心与球心的水平投影重合；半径从主视图中量取；根据水平截平面的范围可在俯视图中确定圆弧的两端点。同样可作出侧平圆弧的三面投影。

（2）作图过程：

① 画出完整圆球的左视图和俯视图。

② 在俯视图中作水平圆弧的水平投影（半径为 R_1 的圆弧，圆弧的两端点分别为 a、b），和侧平圆弧的水平投影（积聚为直线 ab）。

③ 在左视图中作侧平圆弧的侧面投影（半径为 R_2 的圆弧，圆弧的两端点分别为 a''、b''），和水平圆弧的侧面投影（积聚为直线 $a''b''$），如图 3-11（c）所示。

④ 擦去多余轮廓，加深截交线的投影，如图 3-11（d）所示。

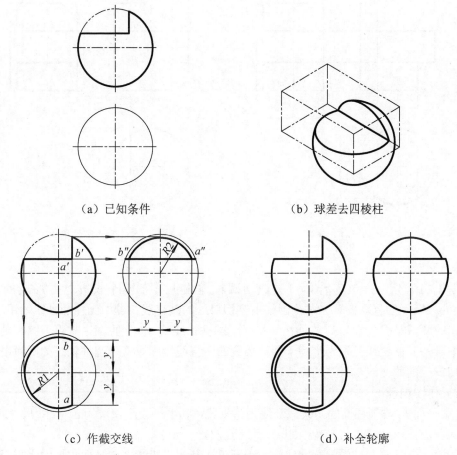

（a）已知条件　　　　　　　　（b）球差去四棱柱

（c）作截交线　　　　　　　　（d）补全轮廓

图3-11　作切口圆球的左视图和俯视图

【例 3-5】完成图 3-12（a）中切口圆柱的左视图和俯视图。

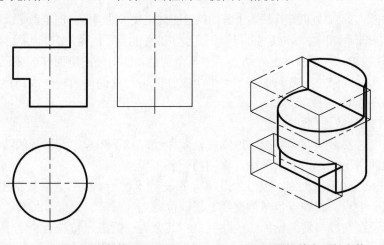

（a）已知条件　　　　　　　　（b）圆柱差去两长方体

图3-12　画出圆柱切口的左视图和俯视图

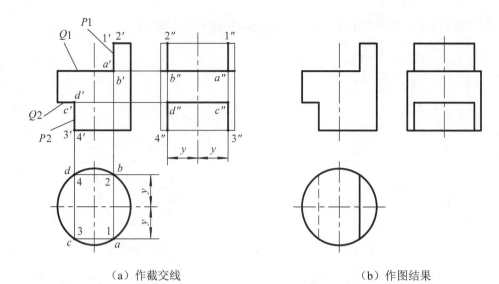

（a）作截交线　　　　　　　　　　　　　　　（b）作图结果

图3-12　画出圆柱切口的左视图和俯视图（续）

【解】（1）分析：该集合体可看成由圆柱差去上、下两个长方体后形成的，如图 3-12（b）所示的直观图。先讨论圆柱上方切口处的截交线：题中圆柱的轴线为铅垂线，形成切口的两截平面分别为侧面 P_1（平行于圆柱轴线）、水平面 Q_1（垂直于圆柱轴线），由表 3-1 可知其截交线分别为平行于圆柱轴线的两直线段和垂直于圆柱轴线的圆弧段。圆柱下方切口处的截交线与上方的类似。

（2）作图过程：

① 截平面 P_1 与圆柱面的两条截交线为铅垂线，其水平投影积聚为 a、1 和 b、2 两点，再结合其正面投影 $a'1'$ 和 $b'2'$，可求出侧面投影 $a''1''$ 和 $b''2''$。

② 截平面 Q_1 与圆柱面的截交线为水平圆弧，其水平投影与圆柱面积聚的水平投影重合，为大半个圆弧 ab，其侧面投影为水平直线段，长度等于圆柱的直径，所以两端应画到轮廓线处。

③ 圆柱下方切口处的截交线与上方切口处的截交线求法类似。但是截平面 Q_2 与圆柱面的截交线为小半圆的水平圆弧，其侧面投影长度小于圆柱的直径，为 $c''d''$，如图 3-12（c）所示。

④ 整理轮廓。由于圆柱上方切去了大半个圆柱，切口处的侧面转向线已不存在，必须擦除相应轮廓。而圆柱下方只切去了小半个圆柱，切口处的侧面转向线仍存在，应保留相应轮廓，如图 3-12（d）所示。

3）截交线为其他曲线

这种情况包括截交线为椭圆、抛物线、双曲线以及不和投影面平行的圆。截交线的投影除了积聚的情况外，为非圆曲线。作图的一般步骤：

（1）在截交线积聚性的投影上找出若干截交线上的点。根据点在截交线上的位置，分为特殊点和一般点。特殊点包括截交线上极限位置点（最高、最低、最前、最后、最左、最右点）以及截交线与转向轮廓线的共有点；其余为一般点。特殊点决定了截交线的大致形状和范围，是截交线上的关键点，应全部找出。为使截交线的投影更为准确，还应找出适当数量的一般点。

（2）利用表面取点法求得所标点的其他投影。

（3）按一定顺序光滑连接所求各点，并判明可见性。

【例 3-6】作出图 3-13 所示集合体的左视图。

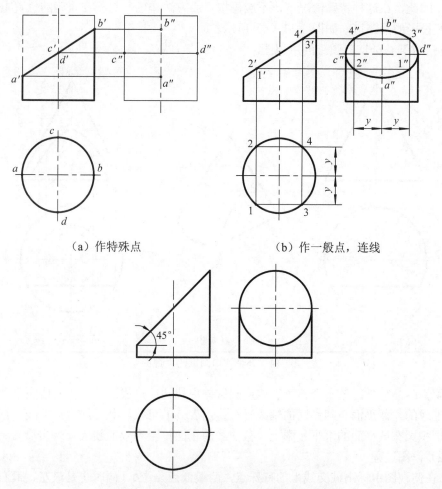

（a）作特殊点　　　　　　　　　　（b）作一般点，连线

（c）截平面与圆柱线夹角为 45°时截交线的投影

图3-13　作集合体的左视图

【解】（1）分析：该集合体可看成为圆柱被平面截去一部分后形成的。截平面与圆柱面轴线倾斜，由表 3-1 可知，截交线为椭圆。截交线的正面投影重合在平面的正面投影上；截交线的水平投影重合在圆柱面的水平投影上；截交线的侧面投影为椭圆。

（2）作图过程：

① 画出完整圆柱的左视图。

② 在主视图中找出截交线上的特殊点，最低及最高点 *a*′、*b*′（同时也是最左、最右点），最后及最前点 *c*′、*d*′。由于 *A*、*B* 两点分别在圆柱的正面转向线上，故 *a*″、*b*″ 在侧面投影的对称中心线上，*c*″、*d*″ 两点分别在圆柱的侧面转向线的投影上。

③ 为了准确作出截交线的侧面投影，还应找出适量的一般点 1′、2′、3′、4′。利用表面取点法可求得 1″、2″、3″、4″。

④ 顺序光滑连接 a''、$1''$、d''、$3''$、b''、$4''$、c''、$2''$点。

⑤ 补全轮廓，擦去多余图线。

（3）讨论：当本题中的截平面与圆柱轴线成45°角时，截交线的水平投影和侧面投影均为圆，因此，在这种特殊情况下，不应再按一般方法作图，只要在正确的位置上画出反映截交线投影的圆即可，如图3-13（c）所示。

【例3-7】 补全切口圆锥的主视图。

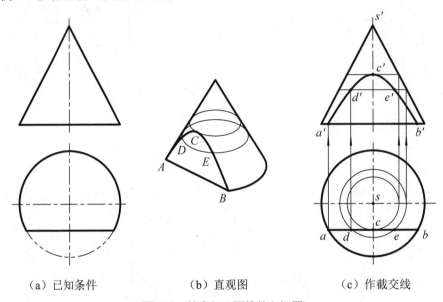

（a）已知条件　　　　（b）直观图　　　　（c）作截交线

图3-14　补全切口圆锥的主视图

【解】（1）分析：该集合体可看成由圆锥差去棱柱后形成的，也可看成由平面截去一部分后形成的。截平面与圆锥面的轴线平行，由表 3-1 可知，截交线为双曲线。截交线的水平投影积聚在截平面的水平投影上；截交线的正面投影为双曲线（反映实形）。

（2）作图过程：

① 在俯视图中标出截交线上的特殊点，两最低点 a、b（同时也是最左、最右点）和最高点 c。由于 A、B 两点分别在圆锥的底圆上，故可由 a、b 在底圆的正面投影上作出 a'、b'。

② C 点在圆锥的最前素线上，利用圆锥面上过 C 点的水平纬圆为辅助线，可求出 C 点的正面投影 c'，如图 3-14（b）所示。c'点的求法如图 3-14（c）所示，在俯视图中，以 sc 为半径作水平纬圆的水平投影，利用水平纬圆与圆锥最右素线交点的水平投影，在最右素线的正面投影上作出这个交点的正面投影，即可作出水平纬圆的正面投影，从而求得 c'。

③ 在截交线的水平投影适当位置上，标出两个一般点 d、e，仍然可利用求 c'的方法求出一般点 D、E 的正面投影 d'、e'（辅助水平纬圆的半径为 sd）。

④ 顺序光滑连接 a'、d'、c'、e'、b'点，截交线的正面投影全部可见。

3.2.3　两回转面相交

两立体表面的交线称为相贯线。如图 3-15 所示为三通管接头上圆锥面与两外圆柱面相交产生的相贯线，管接头的内部两内圆柱面相交处也有相贯线存在。

1. 相贯线的性质和形状

相贯线一般是封闭的空间曲线，特殊情况下，为平面曲线或直线。相贯线是两回转体表面的共有线，相贯线上的点是两回转体表面的共有点。相贯线投影的范围在两回转面投影轮廓的公共范围内。

2. 相贯线的画法

相贯线为空间曲线，其投影一般为非圆曲线。在这种情况下，求解相贯线就是求解相贯线上一系列的点（特殊点、一般点），只要知道这些点的一个投影，利用表面取点法，可求出其他投影，求出适当数量的点之后，按顺序光滑连接各点的投影，并判明可见性。

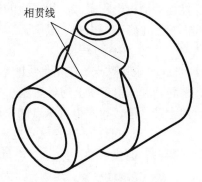

图3-15　集合体表面的相贯线

【例3-8】作出图3-16中，两圆柱面相贯线的投影。

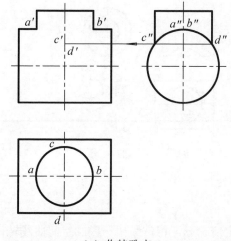

（a）作特殊点

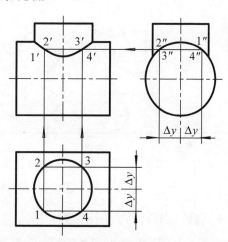

（b）作一般点，连线

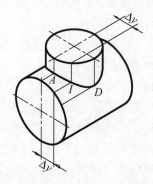

（c）一般点的空间位置及求法

图3-16　作两圆柱的相贯线

【解】（1）分析：两直径不同的圆柱体轴线垂直相交，相贯线为封闭的空间曲线。小圆柱面水平投影积聚，故相贯线的水平投影与小圆柱面的水平投影重合，为一整圆。大圆柱面侧面投影积聚，故相贯线的侧面投影与大圆柱面的侧面投影重合，但只占大圆柱面侧面投影轮廓范围内的一段圆弧。相贯线的正面投影需要作图求出。

（2）作图过程：

① 求特殊点。在相贯线的水平投影上找出最左、最右、最后、最前点 a、b、c、d（A、B 同时也是相贯线上的最高点，C、D 同时也是相贯线上的最低点），根据相贯线的性质和线上取点法，可求得特殊点的正面投影 a′、b′、c′、d′，其中 c′、d′ 利用 c″、d″ 求得。

② 求一般点。在特殊点之间找出适当数量的一般点 1′、2′、3′、4′，利用表面取点法，求得其正面投影 1′、2′、3′、4′。I点的空间位置见图 3-16（c）。

③ 光滑连接 a′1′d′4′b′。因为相贯线前后对称，其正面投影的不可见部分与可见部分重合，故在正面投影中，只需画出前半段。

两圆柱面相交的情况在工程图中经常出现，图 3-17 列出了两圆柱面相交的常见类型。其中，圆柱穿圆孔所形成的交线，为内外圆柱面的相贯线，相贯线的形状和求法与两外圆柱面的完全相同。

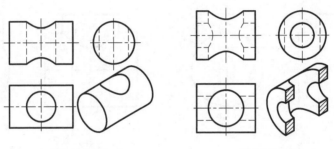

（a）内外圆柱面相交　　　　　　　　（b）两内圆柱面相交

图3-17　两圆柱面相交的其他形式

3. 特殊位置和形状的相贯线

当相交两回转面的形状和位置处于某些特定情况下，相贯线由一般的空间曲线转化为平面曲线，相贯线的投影也转化为直线或圆。因此，对这一类相贯线，可根据其投影特点，直接作出，不必采用上述画相贯线的一般方法。

直径相等、轴线垂直相交的两圆柱面的相贯线为两条平面曲线（椭圆），当两相交轴线平行于投影面时，相贯线在该面上的投影为两相交直线，端点为两圆柱轮廓线的交点，且通过两圆柱轴线的交点，如图 3-18 所示。

轴线平行的两圆柱面的相贯线为两条平行于圆柱轴线的直线，如图 3-19 所示。

同轴两回转面的相贯线为垂直于轴线的圆，当轴线垂直于投影面时，相贯线的投影为圆。在图 3-20 中，侧垂圆柱与球的相贯线为侧平圆，正面投影和水平投影均积聚为一直线段，侧面投影与圆柱面重合；圆锥与球的相贯线为上下两个水平圆，正面投影和侧面投影均积聚为一直线段，水平投影为一大一小两个圆，因为大圆相贯线位于球的下半部，故其水平投影不可见，应画成虚线。

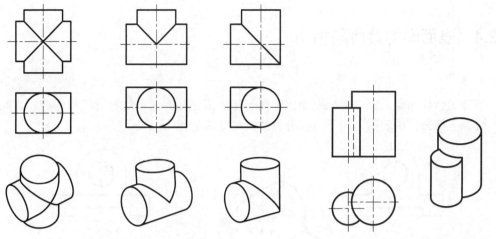

图3-18　等径正交两圆柱的相贯线　　　　图3-19　轴线平行两圆柱面的相贯线

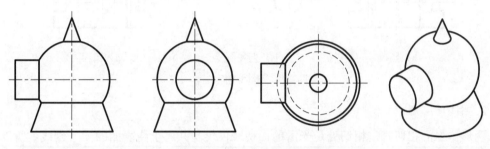

图3-20　两同轴回转面的相贯线

4. 三视图中两圆柱相贯线的简化画法

当两圆柱轴线垂直相交，且两圆柱半径不是很接近时，在两圆柱轴线均平行于投影面的视图中可用圆弧来代替相贯线的投影。圆弧应通过相贯线上三个特殊点，可用三点画圆弧方法绘制，或用如图3-21所示的方法绘制，圆弧的半径取两圆柱中较大圆柱的半径，圆弧的圆心位于小圆柱的轴线上（由作图得出，圆弧过两圆柱轮廓线的交点）。

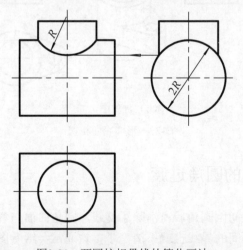

图3-21　两圆柱相贯线的简化画法

3.2.4　表面间的共面与相切

1. 共面

形体集合操作后，有一部分表面位于同一平面或回转面上，这种情况称为共面。共面后，分属于两形体的表面之间不应有分界线，如图 3-22 所示。

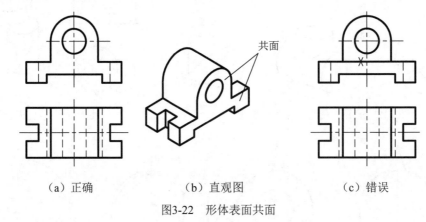

（a）正确　　　　　　　（b）直观图　　　　　　　（c）错误

图3-22　形体表面共面

2. 相切

两形体表面相切时，相切处是光滑的，切线仅仅是共属于两表面的一条素线。所以，在三视图中不得画切线的投影，如图 3-23 所示，注意图中切点 A 三投影的位置，特别是左视图中的 a″ 点不得画在圆柱的前后轮廓线上。当切线恰好与回转面的某个方向的转向线重合时，才能画出与其重合的切线的投影，如图 3-24 所示。

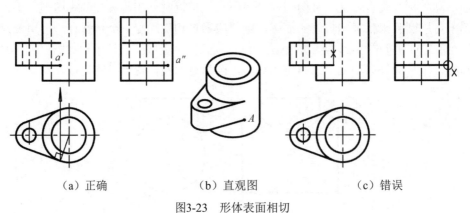

（a）正确　　　　　　　（b）直观图　　　　　　　（c）错误

图3-23　形体表面相切

3.2.5　形体表面间的圆角过渡

相交的两形体表面之间倒圆角后，消除了交线，圆角曲面与各表面是光滑连接的，因此，在视图中两形体表面间的界线也就不清楚了，这通常会给看图带来困难。为了避免上述问题，当相交的两形体表面之间倒圆角后，仍要画出两形体表面之间未倒角时的理论交线，称为过渡线。过渡线在图中通常不与其他图线相连，如图3-25所示。

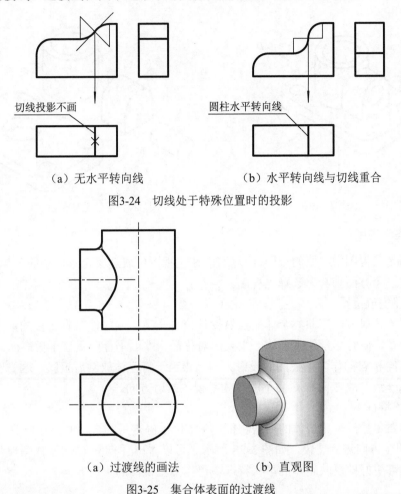

（a）无水平转向线　　　　　　　（b）水平转向线与切线重合

图3-24　切线处于特殊位置时的投影

（a）过渡线的画法　　　　（b）直观图

图3-25　集合体表面的过渡线

3.3　绘制集合体的三视图

利用形体分析法绘制三视图

画集合体的视图，也要采用形体分析法。对集合体进行合理地分解后，依次画出各形体的投影，再根据形体间的集合方式和表面关系修正视图，绘出完整的集合体视图。下面以图3-26所示的座体为例，说明画集合体三视图的方法和步骤。

1. 形体分析

集合体可认为由图3-27所示的局部形体所组成。

$$M = (A \cup B - C) \cup D$$

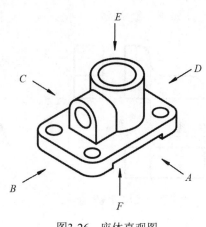

图3-26　座体直观图

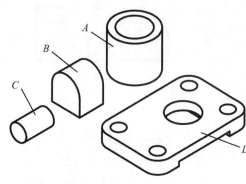

图3-27　座体形体分析

2. 选择主视图

主视图是三视图中主要的视图,应尽可能在主视图中表达集合体主要的形体特征信息。一般从下述三个方面来考虑选择主视图。

1)自然安放位置

主视图的投射方向应同集合体的自然安放位置一致。例如,带有底板的集合体,应将底板水平放置,同时尽量使集合体上主要的对称面、端面平行或垂直于投影面。在图3-26中,若将 E 向和 F 向作为主视图的投射方向,相当于将座体放倒后投影,这与座体的自然安放位置不一致,故 E 向和 F 向不能作为主视图投射方向。

2)形状特征

主视图要尽量反映集合体的形状特征。在本例中确定了集合体的安放位置后,可从 A、B、C、D 四个方向进行比较,如图 3-28 所示。可以看出 A 向和 C 向的视图较其他两个方向的视图能够更好地反映座体的形状特征,可作为主视图的投射方向。

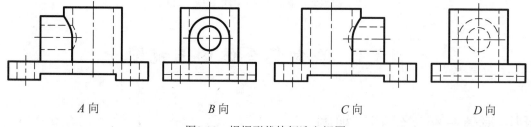

| A 向 | B 向 | C 向 | D 向 |

图3-28　根据形状特征选主视图

3)兼顾其他视图的可见性

其他视图的投射方向取决于主视图的投射方向。在满足形状特征的条件下,还应该考虑到其他视图上形体的可见性。在本例中,选择 A 向或 B 向作为主视图投射方向,都能较好地反映集合体的形状特征,但是比较图 3-29(a)和(b)可以看出,3-29(a)左视图中可见部分较多(虚线较少)。因此,座体应当选择 A 向作为主视图的投射方向。

3. 选取画图比例，初始化图形文件

根据集合体的大小和复杂程度，选取标准画图比例，尽量选用1∶1的比例。

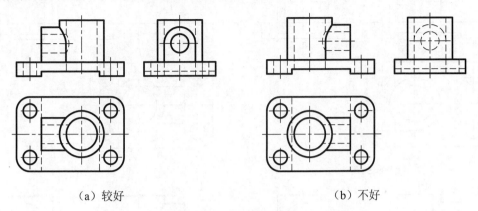

（a）较好　　　　　　　　　　　（b）不好

图3-29　主视图投射方向对其他视图可见性的影响

4. 布置视图

根据选定的图幅以及各个视图每个方向的最大尺寸，估算出各视图在图纸中的位置，避免几个视图挤在一起或偏向一边。如果需要标注尺寸，还应考虑放置尺寸的空间，使得整张图纸布局匀称、美观。

画出各视图的主要定位图线（对称线、底面或端面的边线），便于绘制各部分形体时的图形定位，如图3-30（a）所示。

5. 分形体画图，按集合关系作出集合体表面交线的投影

按照由大到小的顺序，逐个画出各形体，先画形体的主要轮廓，后画细节。画某个形体时，应从反映形体特征的视图画起，将三个视图一起画出，既可保证视图间的投影对应关系，也可避免遗漏。如图3-30（b）所示的底板，应先在俯视图中画出底板的水平投影，再利用投影规律以及底板的高度尺寸，画出其他两视图。

画出相关的形体后，可随时根据它们的集合关系作出表面交线的投影。如图3-30（e）所示，集合并后，大圆筒与U形凸台外表面相交形成的相贯线和截交线，应在主视图中画出，同时应擦去大圆筒最左轮廓素线包含在U形凸台内的部分。集合差后，大圆筒的内表面与U形凸台的孔之间的相贯线，也应在主视图中画出。同时大圆筒内表面穿过U形凸台孔的轮廓线也应剪掉。

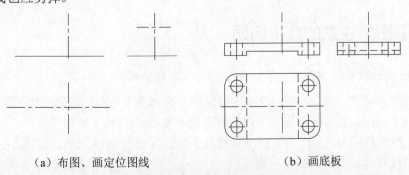

（a）布图、画定位图线　　　　　　　（b）画底板

图3-30　座体画图步骤

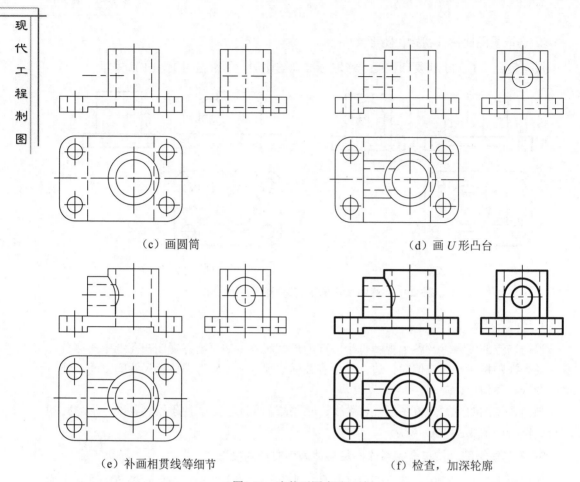

（c）画圆筒 （d）画 U 形凸台

（e）补画相贯线等细节 （f）检查，加深轮廓

图3-30 座体画图步骤（续）

6. 检查、加粗轮廓

检查是否有漏画或多余的图线。要注意形体间不同集合方式所产生的轮廓变化和表面关系，形体表面交线是否正确。加粗轮廓，做到线型规范。

3.4 看集合体的三视图

3.4.1 看图要注意的几个问题

1. 从反映形状特征的视图入手，几个视图联系起来看

用三视图表达集合体，其中每个视图仅反映集合体某个方向的投影形状。因此看图时，不能只看一个视图，要将两个或三个视图联系起来看。如图 3-31 所示各形体，它们的主视图都相同，但俯视图不同，所表示的形体也就不同。又如图 3-32 所示各形体，尽管它们的主视图、俯视图都相同，只是左视图不同，所表示的形体仍不相同。

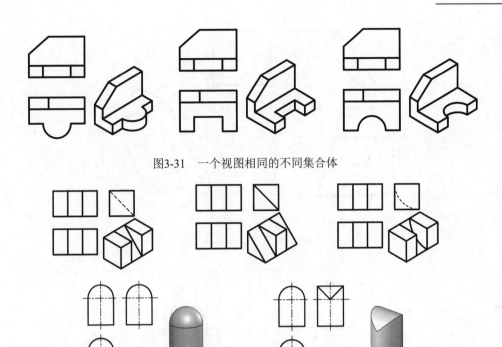

图3-31　一个视图相同的不同集合体

图3-32　两个视图相同的不同集合体

将几个视图联系起来看的同时，还要注意从反映形状特征的视图入手。例如，板、柱类形体，反映其端面或截面实形的视图为特征视图，见图 3-33。

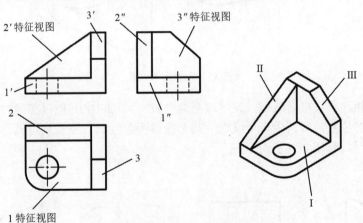

图3-33　形体的特征视图

2. 了解视图中线框、图线的含义，判别形体表面的形状和位置

集合体的视图是集合体各形体表面轮廓投影的集合。视图中每一个封闭的线框，一般代表集合体上一个表面的投影，如图 3-34 中的 P 面和 Q 面。若形体表面连接处为相切，则表示表面轮廓的线框不封闭，如图 3-35 中的 $ABCD$ 面，在主视图和左视图中都是不封闭的线框 $abcd$ 和 $a''b''c''d''$。

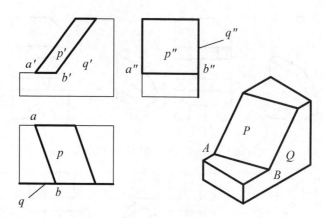

图3-34　集合体中线框及图线的含义

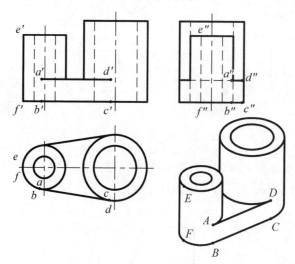

图3-35　未封闭的线框

当两线框相连或线框套线框，说明这是两个表面，可以从其他视图的对应图线或线框判别两者的相对位置。若其中一个线框的某个投影为虚线时，还能从可见性的角度去判断两者的位置关系，如图 3-36 所示。

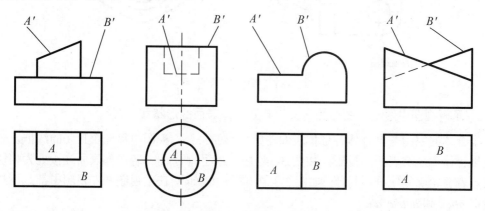

图3-36　相邻线框的表面位置关系

视图中的每一条图线，可以是集合体中下列各要素的投影：

（1）两表面交线，如图 3-34 俯视图中的图线 ab。

（2）垂直于投影面的平面或回转面，如图 3-34 俯视图中的图线 q 和左视图中的图线 q″。

（3）回转面转向线的投影，如图 3-35 主视图中的图线 e′f′。

3. 熟悉基本体、常见形体的投影特性，积极构想形体

根据基本体、常见形体的投影特性，判断形体的类型和形状，是看图时进行空间想象的基础。看图时积极构想形体，有助于提高看图速度，提高空间想象能力。例如，在图 3-31 中，看到主视图应能积极构想合理的形体，除了图中的三个集合体，还能构想出哪些集合体。根据图 3-32 中的主、俯视图也能构想出不同的集合体。

3.4.2 看图方法

1. 形体分析法

形体分析法同样是看图的主要方法。运用形体分析法看图，一般从主视图入手，结合其他视图，了解了形体的大致结构后，按视图中的线框来划分形体。初步分析集合体由哪几部分形体及通过什么形式集合形成。若某部分形体仍较复杂，可进一步分解，直至能看懂局部形体。最后根据各部分形体的形状和相对位置，想象出集合体的整体形状。

【例 3-9】根据图 3-37 给出的三视图，想象集合体的空间形状。

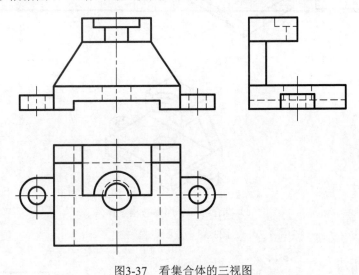

图3-37 看集合体的三视图

【解】（1）结合俯视图、左视图，将主视图分为 5 个线框。

（2）分别将主视图线框和俯视图、左视图中对应线框联系起来，想象出该部分的形状。顶板的俯视图为其特征视图，结合主视图、左视图想象出顶板形状，如图 3-38（a）所示。支撑板的形状如图 3-38（b）所示，底板的形状如图 3-38（c）所示。底板两侧耳板的俯视图为其特征视图，结合主视图、左视图想象出耳板形状，左、右各一个，如图 3-38（d）所示。

（3）综合想象，得出该集合体的形状，如图3-38（e）所示。

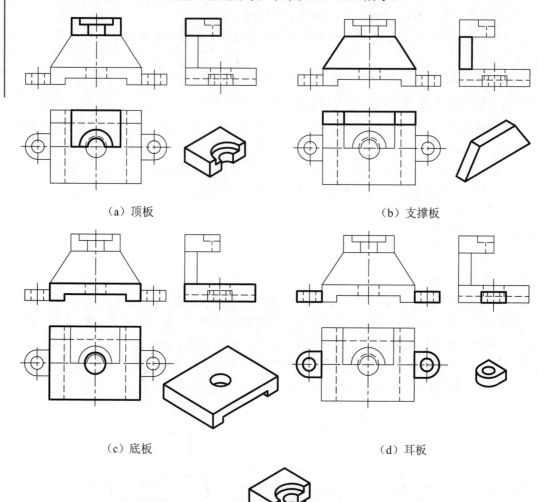

（a）顶板   （b）支撑板

（c）底板   （d）耳板

（e）综合各部分形体想出整体

图3-38　看图步骤

2. 线面分析法

利用线、面的投影特性，通过分析视图中线框、图线的含义，来看懂形体的方法，称为线面分析法。线面分析法常用于辅助看图。在采用形体分析法看图的过程中，对集合体上某些难以看懂的结构，可从线面分析的角度去判断、想象。

【例3-10】想象图3-39中三视图所表示的集合体形状。

【解】（1）从三个视图中的大框，可以看出集合体的轮

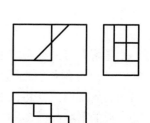

图3-39　线面分析法看图

廓基本为长方体，再根据主视图左上方的矩形线框和俯视图、左视图中的对应线框，可初步想象出集合体的形状，如图3-40（a）所示。但集合体上矩形缺口的右侧是何种结构，仅从形体分析的角度不易想象，这时可对一些相关表面的形状和位置进行分析。

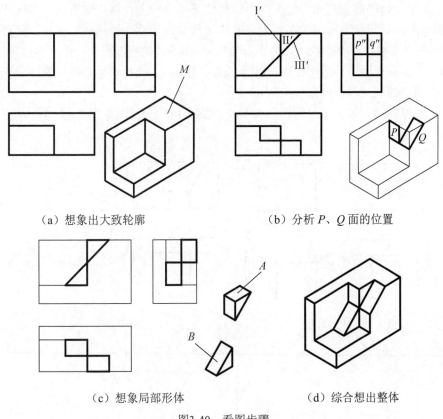

（a）想象出大致轮廓　　　　　　　　（b）分析 P、Q 面的位置

（c）想象局部形体　　　　　　　　（d）综合想出整体

图3-40　看图步骤

（2）在图 3-40（b）中，左视图中矩形缺口的右侧有 4 个线框，先分析上面两个线框 p''、q''。主视图中与线框 p''、q'' 投影对应的有图线Ⅰ′、Ⅲ′ 和线框Ⅱ′。因为线框Ⅱ′与线框 p'' 或 q'' 都不是类似形的关系，所以Ⅱ′不是 p'' 或 q'' 的对应线框。只有图线Ⅰ′、Ⅲ′与线框 p'' 或 q'' 对应，从俯视图以及 p''、q'' 的前后位置判断，图线Ⅰ′ 和线框 p'' 对应，为侧平面 P，图线Ⅲ′和线框 q'' 对应，为正垂面 Q，如图 3-40（b）所示的直观图。

（3）在图 3-40（c）中，根据主视图中两三角形图框以及俯视图、左视图的对应线框，可以想象出三棱柱 A 和 B，最终看出的集合体形状为 $M \cup B - A$，如图 3-40（d）所示。

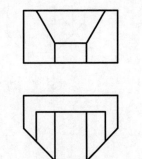

图3-41　看懂压块形状并作左视图

【例 3-11】根据图 3-41 中压块的主视图、俯视图想出其形状，并作出左视图。

【解】（1）根据压块主视图、俯视图的外围线框，可初步将压块看成棱线铅垂的六棱柱，如图 3-42（a）所示。

（2）根据主视图、俯视图内部线框的位置（均未超出六棱柱线框的范围），可判断六棱柱上带有槽形结构。进一步分析可知，主视图中 3′的梯形线框对应俯视图中 3 直线段，故Ⅲ平面为梯形正平面；俯视图中 1 和 2 两个梯形线框分别对应主视图中 1′和 2′两条直线段，故Ⅰ、Ⅱ平面为梯形正垂面；俯视图中矩形线框 4 对应主视图中 4′直线，故Ⅳ平面为矩形水平面。由此可想象出压块的形状为带有梯形槽的六棱柱，如图 3-42（b）所示。

（3）在图 3-42（a）的基础上，作出五边形铅垂面Ⅴ的侧面投影 5″，如图 3-42（c）所示。

（4）作出正平面Ⅲ和水平面Ⅳ的侧面投影 3″和 4″，均积聚为直线段且不可见，棱线 AB 为Ⅰ、Ⅴ两平面的交线，如图 3-42（d）所示。

（5）加深轮廓，擦去多余的图线。最终得到压块的左视图如图 3-42（e）所示。

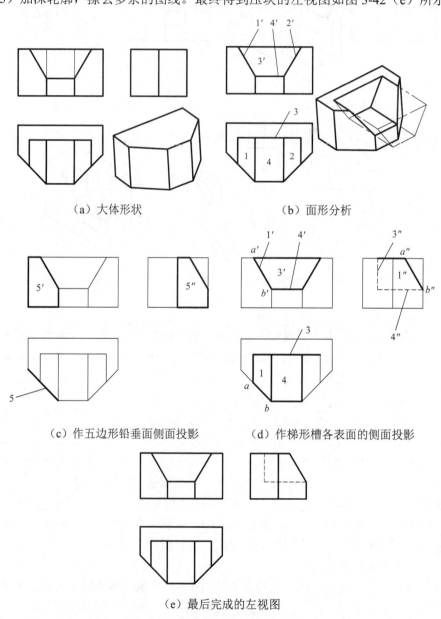

（a）大体形状　　　　　　　　　　（b）面形分析

（c）作五边形铅垂面侧面投影　　　（d）作梯形槽各表面的侧面投影

（e）最后完成的左视图

图3-42　压块看图分析及作左视图过程

【例 3-12】根据图 3-43 所示的主视图、俯视图想象出集合体的形状，并画出左视图。

【解】（1）想象出集合体的形状。

观察主视图，大致分为上下两部分。俯视图外形为半圆，对应主视图中两条平行的轮廓线，由基本体的投影特性可知，这是半圆柱的投影。但主视图中下半部分对应线框不是完整矩形，俯视图中的半圆内也有小图框，说明实际形体应是半圆柱与其他形体的集合。在主视图中，假想补上部分轮廓线（双点画线）后，可将集合体下半部分想象为半圆柱的底板。

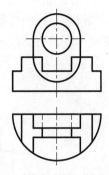

图3-43 看懂集合体，补出左视图

主视图中，耳板形状的线框I'同时对应俯视图中两个线框，根据可见性和俯视图线框内的虚线（这里虚线表示孔的轮廓），可以确定对应关系如图 3-44（a）所示。线框I、I'及内部图线表示的形体为带孔的耳板，位于半圆柱底板的上方。

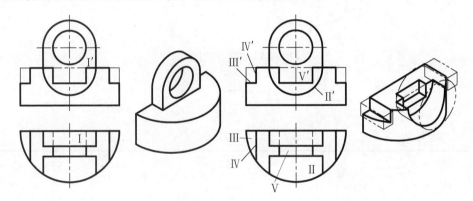

（a）想象出耳板的形状和底座的整体轮廓 （b）进一步弄清底座的结构

（c）综合起来想象整体

图3-44 看图步骤

在图 3-44（b）中，线框II对应图线II'，这是圆柱面，由半圆柱差去一轴线正垂的圆柱形成的表面。线框III对应图线III'、图线IV对应图线IV'，是半圆柱差去两端长方体形成的截平面（水平面、侧平面）。线框V对应线框V'（连上假想的双点画线），是底板差去长方块后形成的凹槽。

将集合体上下两部分集合并，想象出的集合体如图 3-44（c）所示。

（2）补画左视图。

按照投影规律和想象出的形状，逐个画出各形体的左视图。注意左视图中，截交线 $a''b''$ 和相贯线 $1''2''3''$的正确画法，如图 3-45 所示。

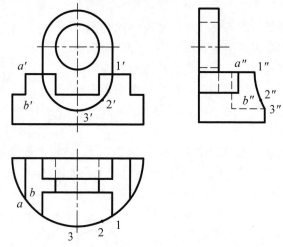

图3-45　补画左视图

第4章 工程图中的尺寸标注

工程图样中，除了有表达形体内、外结构形状的图形外，还需标注尺寸来表示形体结构的大小和相对位置，完整、清晰、合理的尺寸标注是图样应用的主要依据之一。

4.1 国家标准《技术制图》和《机械制图》中有关尺寸标注的规定

国家标准《技术制图》和《机械制图》中有关尺寸标注的详细规定见（GB/T 16675.2—2012）和（GB/T 4458.4—2003）。

4.1.1 基本规则

（1）机件的真实大小应以图样上所注的尺寸数值为依据，与图形的大小及绘图的准确度无关。

（2）图样中（包括技术要求和其他说明）的尺寸，以毫米（mm）为单位时，不需标注计量单位符号（或名称），如采用其他单位，则应注明相应的单位符号。

（3）图样中所标注的尺寸，为该图样所示机件的最后完工尺寸，否则应另加说明。

（4）机件的每一尺寸，一般只标注一次，并应标注在反映该结构最清晰的图形上。

（5）在保证不引起误解和不会产生理解的多义性的前提下，应简化标注，力求制图简便。简化时应便于识读和绘制，注重简化的综合效果；在考虑便于手工制图和计算机制图的同时，还要考虑缩微制图的要求。

4.1.2 尺寸要素及其规定

一个完整的尺寸由尺寸界线、尺寸线及其终端和尺寸数字及相关符号组成，如图 4-1 所示。

1. 尺寸界线（表示尺寸的范围）

尺寸界线用细实线绘制，并应由图形的轮廓线、轴线或对称中心线引出。也可用轮廓线、轴线或对称中心线直接作为尺寸界线。尺寸界线一般应与尺寸线垂直，必要时允许倾斜。尺寸界线应超出尺寸线 2～3 mm。

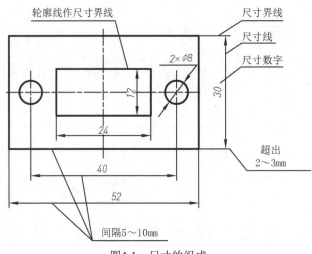

图4-1　尺寸的组成

2. 尺寸线及其终端（表示尺寸的方向与起讫）

尺寸线必须用细实线绘制，其终端形式如图 4-2 所示，机械图样中尺寸线终端均采用箭头形式。尺寸线不能用图中的其他图线代替，也不与其他图线重合或在其延长线上。标注线性尺寸时，尺寸线必须与所标注的线段平行；相同方向上同时有几条互相平行的尺寸线时，各尺寸线的间隔要一致（间隔一般为 5～10 mm），同时，将大尺寸注在小尺寸外面，尽量避免与其他的尺寸线和尺寸界线相交。在圆或圆弧上标注直径或半径时，尺寸线一般应通过圆心或延长线通过圆心。

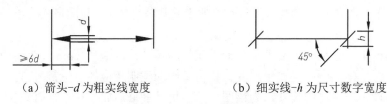

（a）箭头-d 为粗实线宽度　　　　（b）细实线-h 为尺寸数字宽度

图4-2　尺寸线终端形式

3. 尺寸数字及相关符号（表示尺寸的大小及形体结构特征）

尺寸数字的书写位置及数字方向与具体尺寸有关，同一图样中尺寸数字的大小和书写格式应一致。线性尺寸的数字一般应写在尺寸线的上方，也允许注写在尺寸线的中断处。在标注直径时，应在尺寸数字前加注符号"ϕ"；标注半径时，应在尺寸数字前加注符号"R"；在标注球面的直径或半径时，应在符号"ϕ"或"R"前再加注符号"S"。尺寸数字前后常用的特征符号见表 4-1。

表4-1　尺寸数字前后常用的特征符号

符　　号	含　　义	符　　号	含　　义
ϕ	直径	□	正方形
R	半径	∨	埋头孔
S^{ϕ}（SR）	球直径（球半径）	⊔	沉孔或锪平

续表

符　号	含　义	符　号	含　义
EQS	均布	↓	深度
C	45°倒角	∠	斜度
t	厚度	◁	锥度
×	相同结构或其他规定	⌒	弧长

4.1.3　常见的尺寸标注法示例

1. 线性尺寸的标注

标注线性尺寸时，可先根据具体情况画出尺寸界线；尺寸线必须与所标注的线性结构平行。通常情况下，如图 4-3（a）所示，水平尺寸的尺寸数字字头朝上，写在尺寸线上方；竖直尺寸的尺寸数字字头朝左，写在尺寸线左方；倾斜尺寸的尺寸数字字头有朝上的趋势，标注在尺寸线的上侧；应尽量避免在图示 30°范围内标注尺寸，当无法避免时可按图 4-3（b）所示的形式标注，但同一图样中标注形式应统一。

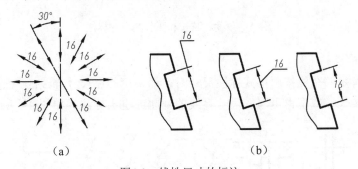

（a）　　　　　　　　　　　　　　（b）

图4-3　线性尺寸的标注

2. 圆弧及圆的尺寸注法

标注圆弧及圆的尺寸时，一般用轮廓线作为尺寸界线，尺寸线或其延长线要通过圆心，如图 4-4（a）所示。对于圆弧，标注直径的尺寸线的一端无法画出箭头时，尺寸线必须超过圆心一段，如图 4-4（b）所示。有关简化标注如图 4-4（c）所示。

3. 角度、弦长和弧长的尺寸标注

标注角度时，尺寸界线应沿径向引出，尺寸线应画成圆弧，圆心是角的顶点，尺寸数字一律水平书写，如图 4-5（a）所示。

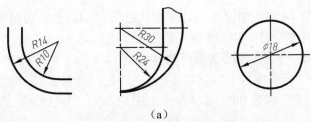

（a）

图4-4　圆弧及圆的尺寸标注

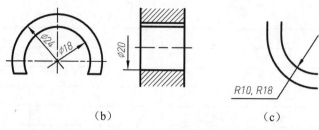

（b）　　　　　　　　　　　　　　　　（c）

图4-4　圆弧及圆的尺寸标注（续）

标注弦长或弧长时，尺寸界线应平行于弦的垂直平分线，弧长的尺寸线是圆弧的同心弧，弧长尺寸数字前应加注符号"⌒"，如图4-5（b）所示。

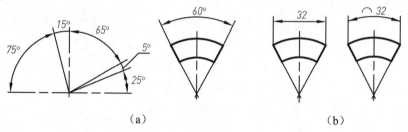

（a）　　　　　　　　　　　　　　　（b）

图4-5　角度、弦长和弧长的尺寸标注

4. 小尺寸的标注

小图形没有足够空位按原格式标注尺寸时，箭头可画在尺寸界线的外侧，或用小圆点代替两个箭头，尺寸数字也可写在尺寸界线的外侧或引出标注，如图4-6所示。

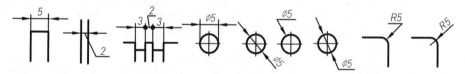

图4-6　小尺寸的标注示例

5. 对称机件的尺寸标注

对称结构在对称方位上的尺寸应对称标注，分布在对称线两侧的相同结构，可只标注其中一侧的结构尺寸，如图4-7（a）所示。按规定，对称机件可以只画出一半或大于一半，标注尺寸时，尺寸线应略超过对称中心线或断裂处的边界线，仅在尺寸线一端画出箭头，如图4-7（b）所示的水平尺寸54和76。

6. 尺寸数字相关符号标注示例

图4-8（a）中的14表示断面为正方形，且边长为14，图中两相交的细实线是平面符号；图4-8（b）中的 $S\phi15$ 表示圆球直径为15；图4-8（c）中的 $C2$ 表示45°倒角的深度为2；图4-8（d）中的 $t2$ 表示薄板厚度为2；图4-8（e）中的尺寸表示锥度为1∶3；图4-8（f）中的尺寸表示斜度为1∶4；图4-8（g）中的尺寸表示沉孔 $\phi8$ 深3.2；图4-8（h）中的尺寸表示埋头孔 $\phi8$、锥角90°；图4-9（a）中的 EQS 表示3个 $\phi6$ 的孔均匀分布。

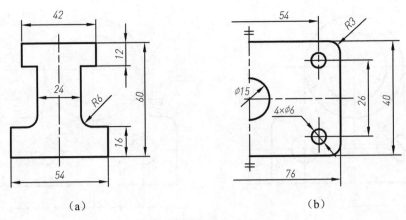

（a）　　　　　　　　　　　（b）

图4-7　对称机件的尺寸标注

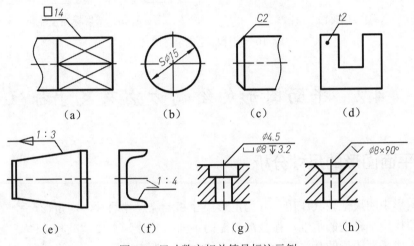

（a）　　　　　（b）　　　　　（c）　　　　　（d）

（e）　　　　　（f）　　　　　（g）　　　　　（h）

图4-8　尺寸数字相关符号标注示例

7. 避免各种图线通过尺寸数字

如图 4-9 所示，当尺寸数字无法避免被图线通过时，图线必须断开。

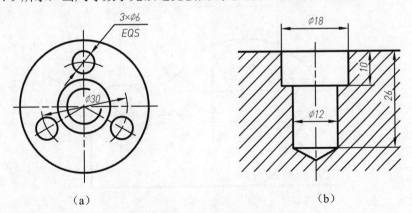

（a）　　　　　　　　　　　（b）

图4-9　避免各种图线通过尺寸数字

图 4-10 是尺寸标注正误对比一例。

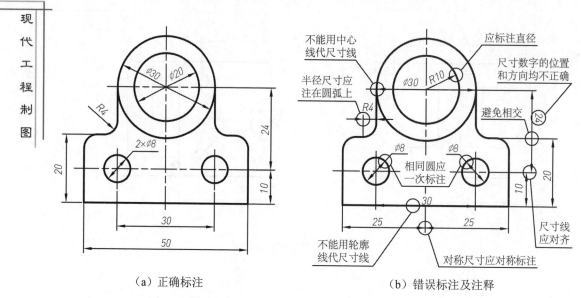

（a）正确标注　　　　　　　　（b）错误标注及注释

图4-10　尺寸标注正误对比一例

4.2　平面图形的绘制方法及尺寸标注

4.2.1　平面图形的尺寸分析

平面图形中的尺寸按其作用可分为定形尺寸和定位尺寸两种，而定形尺寸或定位尺寸的标注必须找一个合适的基准，按基准功能的不同，又分为主要基准和辅助基准。

确定构成平面图形的基本图元形状大小的尺寸称为定形尺寸。如直线段的长度、圆及圆弧的直径或半径、倾斜线的角度大小等。图 4-11 中的 $\phi 10$、$\phi 20$、$\phi 7$、$\phi 16$、$R9$、$R15$、$R22$ 及 60° 等为定形尺寸。

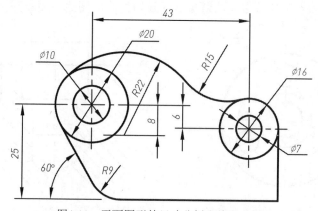

图4-11　平面图形的尺寸分析和线段分析

确定构成平面图形的基本图元之间相对位置的尺寸称为定位尺寸。如图 4-11 中的 25、8、6 和 43 为定位尺寸。

对平面图形来说，一般用一条水平线和竖直线分别作为竖直方向和水平方向的主基准。一般平面图形中常用的主要基准可以是对称图形的对称中心线、较大圆的中心线或较长的直线，有时特殊点（如圆心）也可以作为尺寸基准。如图 4-11 所示的平面图形的水平方向和竖直方向的主要基准为$\phi 10$（$\phi 20$）的竖直和水平中心线。

4.2.2　平面图形的线段分析

平面图形是由线段（一般为直线与圆弧）组成的。根据图形中所标注的尺寸和线段间的连接关系，图形中的线段可以分为已知线段、中间线段和连接线段三种。

具有完整的定形和定位尺寸的线段称为已知线段。根据图形中所注的尺寸就能将其画出。如图 4-11 中的$\phi 10$、$\phi 20$、$\phi 7$、$\phi 16$ 圆及下边和右边直线段。

定形尺寸完整，而定位尺寸不全的线段称为中间线段。作图时，除需要图形中标注的尺寸外，还需要根据它与其他线段的一个连接关系才能画出。如图 4-11 中的 R22 圆弧及倾斜 60°的直线段。

只有定形尺寸，没有定位尺寸的线段称为连接线段。作图时，除需要图形中标注的定形尺寸外，还需要根据它与其他线段的两个连接关系才能画出。如图 4-11 中的 R15 和 R9 圆弧。

根据分析，可以归纳出：当已知线段确定之后，两已知线段中间有多条线段连接时，中间线段可多可少可有可无，连接线段只能有一段。

4.2.3　平面图形的作图步骤

（1）分析平面图形结构及其尺寸，确定基准和线段类型。
（2）画基准线，如图 4-12（a）所示。
（3）画已知线段，如图 4-12（b）所示。
（4）明确中间线段的连接关系，画出中间线段，如图 4-12（c）所示。
（5）明确连接线段的连接关系，画出连接线段，如图 4-12（d）所示。
（6）检查整理图形（手工绘图时，按先圆弧后直线的顺序加深图线；计算机绘图时，应编辑确定各种线段的有效长度）。

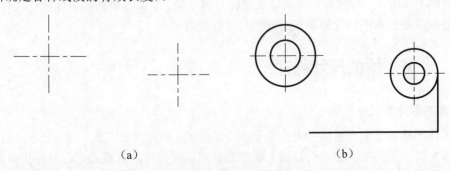

（a）　　　　　　　　　　　　　　（b）

图 4-12　平面图形的作图步骤

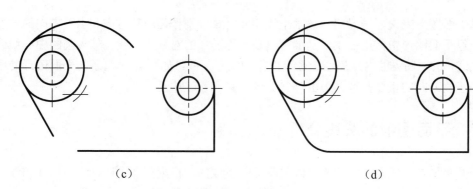

（c）   （d）

图4-12　平面图形的作图步骤（续）

4.2.4　平面图形尺寸标注的一般过程

（1）分析平面图形结构，选定基准（尤其注意图形的对称性）。

（2）根据基准自定义已知线段，分析确定两已知线段中间有多条线段连接时的线段类型。

（3）标注自定义的已知线段的定形和定位尺寸。

（4）标注选定的中间线段的定形和自定义单向定位尺寸（注意不能标注两个方向的定位尺寸）。

（5）标注连接线段的定形尺寸（注意不能标注定形尺寸）。

（6）按"符合国标，注写齐全，整齐清晰"的要求检查核对、调整修改。

对初学者来说，会感觉到尺寸标注简单，实际标注时又常常多标、少标、错标或重复标注。问题的关键是对线段类型的划分和对各种线段尺寸标注规则不清楚，在学习过程中标注尺寸时不能盲目进行，应注意把尺寸标注和线段分析有机结合、不断实践。

4.3　形体的尺寸标注

实用形体多是集合体，形体分析法不但是集合体画图和看图的基本方法，也是集合体尺寸标注的基本方法。根据形体分析法的形体分解要领，要对一般的集合体进行尺寸标注，很显然必须清楚基本形体及简单集合体的尺寸标注规则。

4.3.1　常见形体的尺寸标注

1. 基本形体的尺寸标注

为了保证基本形体的形状和大小唯一确定，应标注确定其长、宽、高三个方向的尺寸。对回转体来讲，只要在它的非圆视图上标注直径和高度尺寸，就能确定它的形状和大小，其余的视图可以省略。图 4-13 为一些常用基本形体的尺寸标注。

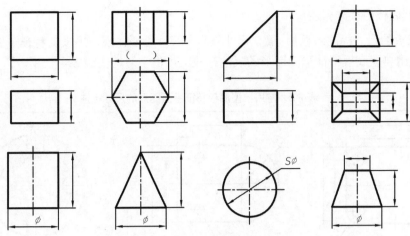

图4-13 基本形体的尺寸标注

2. 形体表面有交线的集合体尺寸标注

从形体表面交线的产生过程可以看出，当构造形体表面具有交线的集合体时，主动因素是基本形体及其相对位置，而交线是被动性必然形成的。因此，标注尺寸时，首先应标注基本形体的尺寸，对交线而言，不应标注有关交线的定形尺寸，而应标注产生交线的定位尺寸。图 4-14 为形体表面有交线的集合体尺寸标注正误对比示例。

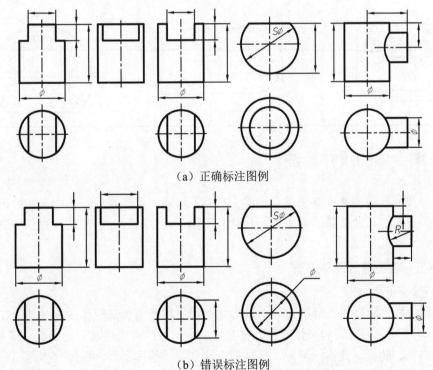

（a）正确标注图例

（b）错误标注图例

图4-14 形体表面有交线的集合体尺寸标注

3. 典型底板的尺寸标注

典型底板的尺寸标注除板厚（高）尺寸外其余尺寸主要体现在底板的特征平面图形中，表 4-2 是常用典型底板特征平面图形的尺寸标注，可供学习、实践参考使用。

表4-2 常用典型底板特征平面图形的尺寸标注

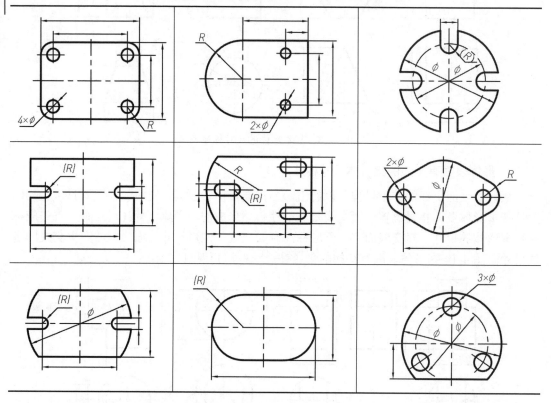

4.3.2 集合体的尺寸标注

集合体尺寸标注的基本要求是：正确、完整、清晰。也就是说，各类尺寸都符合国家标准的有关规定，尺寸数量不多不少，尺寸与图形、尺寸与尺寸之间的布置整齐清晰，便于看图。

1. 保证标注完整的两种方法

1）形体分析法

用形体分析法标注集合体的尺寸，前提是必须根据视图读懂形体结构并确定其构形方案。如图 4-15 所示为支座的形体结构，按常规的构形过程可以将其分解为几个简单形体，即底板、立板、肋板。具体标注时，应根据形体分解与整体形型，按尺寸作用不同，分别标注其定形尺寸、定位尺寸和总体尺寸。

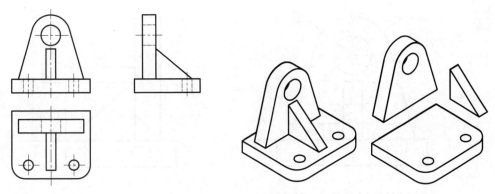

图4-15　支座的形体结构

确定构成集合体的各基本形体形状和大小的尺寸称为定形尺寸。如图 4-16（a）中所标注的尺寸均是定形尺寸，其中三个圆柱孔是通孔，不需要再标注孔深。

确定构成集合体的各基本形体之间相对位置的尺寸称为定位尺寸。如图 4-16（b）中所标的尺寸均是定位尺寸。标注定位尺寸时，必须确定尺寸基准。任何集合体都有长、宽、高三个方向的尺寸，每个方向至少要有一个基准，常用的基准是平面（底面、端面或对称面）和轴线。当部分基本形体在某方向的位置与基准重合时，该方向上的定位尺寸为 0，不需要进行标注。当选用形体对称面作为标注基准时，对称结构或对称定位必须对称标注。如图 4-16（b）中支座的左右对称面 C 是长度方向的基准，支座底板的后端面 K 是宽度方向的基准，支座的下底面 G 是高度方向的基准。

表示集合体在长、宽、高三个方向的最大尺寸称为总体尺寸。用总体尺寸可以直观地描述该形体的空间大小。一般情况下，总体尺寸要直接标注，有时总体尺寸与定形或定位尺寸重合，这种情况下注意不要重复标注；特殊结构时总体尺寸只能间接标注，如集合体某方向的一端为回转面时，一般由回转面轴线的定位尺寸加上回转面的最大半径作为这一方向的总体尺寸。如图 4-16（c）中所标的总长 48 和总宽 40 是底板的定形尺寸，总高可以由定位尺寸 34 及 R12 求和得到。

至此，可以概括出用形体分析法标注集合体尺寸的一般过程：

（1）分析形体结构；

（2）选择基准；

（3）标注各分解形体的定形和定位尺寸；

（4）调整总体尺寸；

（5）检查核对。

2）投影特征统计法

形体的不同视图可以反映形体在不同方向投影的特征，当一组视图完全准确地反映出形体各部分特征时，不同视图中的点的位置和线的形位便可确定相应形体的特征。利用这一特点及前述尺寸标注的一般规则，提出投影特征统计法可以方便地保证集合体尺寸标注的完整性。

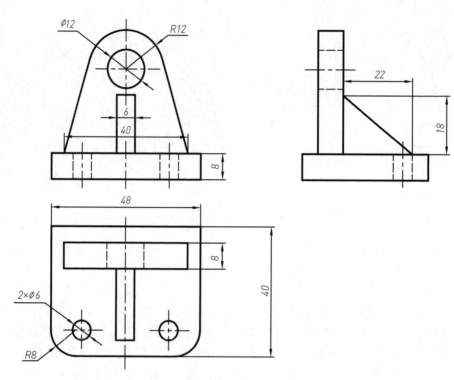

（a）支座的定形尺寸

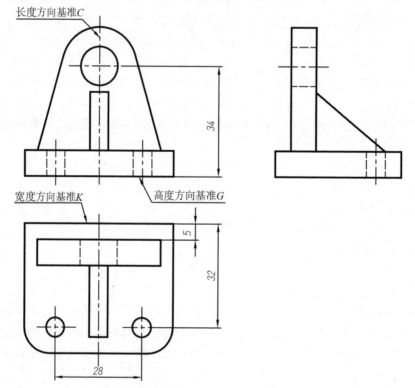

（b）支座的定位尺寸及标注基准

图4-16　用形体分析法标注支座的尺寸

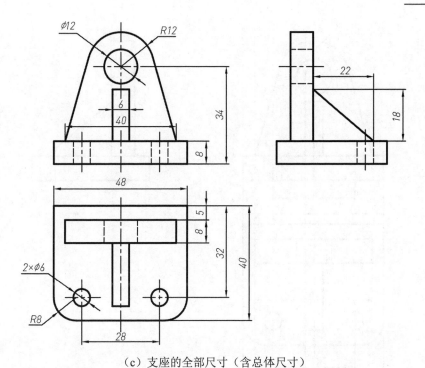

（c）支座的全部尺寸（含总体尺寸）

图4-16 用形体分析法标注支座的尺寸（续）

下面来介绍具体方法及示例。

（1）统计形体各视图中特征形状为圆 ϕ 及圆弧 R 的尺寸数 T。注意：同一视图中相同特征形状只统计 1 次，交线投影的圆与圆弧不进行统计，圆球体多面视图的圆只统计 1 次。如图 4-17（a）所示，$T=4$。

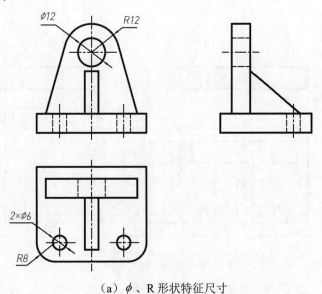

（a）ϕ、R 形状特征尺寸

图4-17 用表面特征记数法标注支座的尺寸

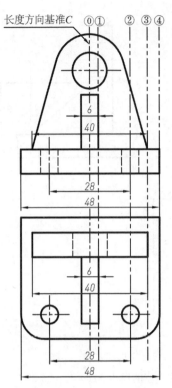

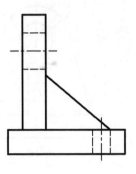

（b）长度方向尺寸标注

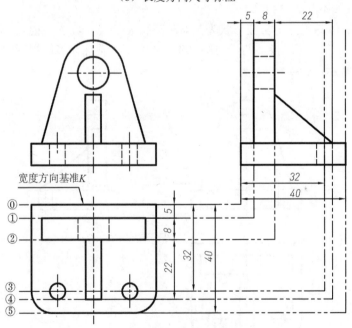

（c）宽度方向尺寸标注

图4-17　用表面特征记数法标注支座的尺寸（续）

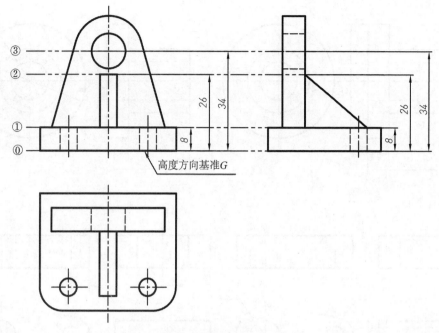

（d）高度方向尺寸标注

图4-17 用表面特征记数法标注支座的尺寸（续）

（2）选定不同方向基准的基础上，分别统计形体视图中长度（用主视图或俯视图）、宽度（用俯视图或左视图）和高度（用主视图或左视图）方向上点、线跳跃位置的尺寸数 C、K、G。注意：切点、回转体转向轮廓线、回转体表面交线不统计，轴线必须统计，对称线为基准时只统计一半。如图 4-17（b）所示，$C=4$；如图 4-17（c）所示，$K=5$；如图 4-17（d）所示，$G=3$。

（3）一个形体完整标注的尺寸数 $DN = T+C+K+G$。如图 4-17 分析，支座完整标注的尺寸数 $DN = 4+4+5+3 = 16$，与图 4-16 形体分析法标注的尺寸数一致。

需要说明的是，集合体尺寸标注的基本方法是形体分析法，投影特征统计法作为一种辅助方法，可以快速检验标注的完整性。建议实践中将两种方法结合使用。

2. 实现清晰标注的具体措施

为了方便看图，对集合体标注尺寸时，应尽量将标注尺寸的位置安排合理、多个尺寸排列整齐、布置清晰。实现清晰标注的具体措施需要在实践中总结，下面给出一些原则性的方法及应用图例对比，以供参考。

1）尺寸尽可能标在形体特征最明显的视图上（即突出特征）

如图 4-18（a）所示，直径尺寸最好标注在非圆的视图上，同心轴的直径尺寸不宜全部标注在反映圆的视图上；如图 4-18（b）所示，半径尺寸一定要标注在反映圆弧的视图上；如图 4-18（c）所示，表示缺口的尺寸应标注在反映实形的视图上。

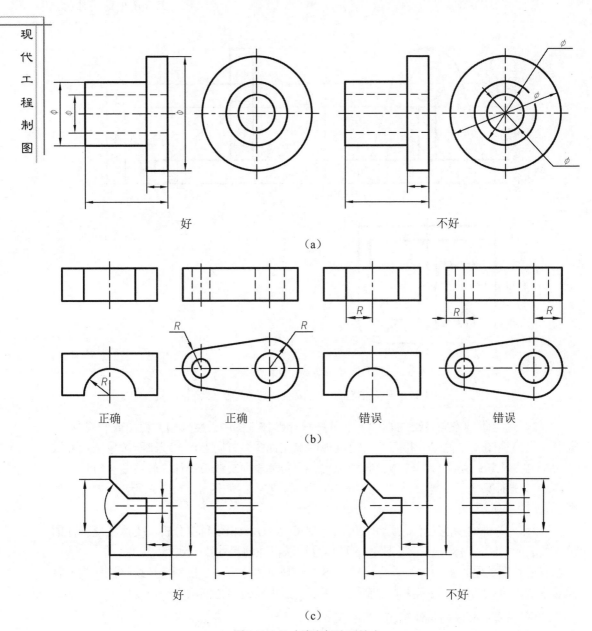

图4-18　尺寸清晰标注对比之一

2）把有关联的尺寸尽量集中标注（即相对集中）

同一基本形体的定形尺寸和定位尺寸，应尽量集中标注在一个视图上，便于看图时查找。如图 4-16（c）所示，支座底板的尺寸集中标注在俯视图上，支座立板的尺寸集中标注在主视图上。

尺寸相互平行的内外结构，最好把这些尺寸按内外结构分别标注在视图两侧，如图4-19所示形体的长度方向尺寸。

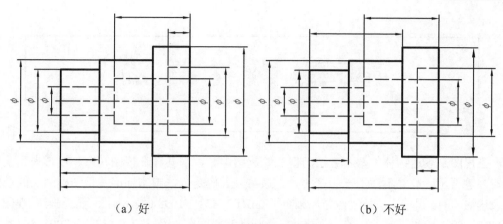

（a）好　　　　　　　　　　　　　　（b）不好

图4-19　尺寸清晰标注对比之二

3）尺寸标注要排列整齐、布置清晰（即：布局整齐）

尺寸线平行排列时，应使小尺寸在内、大尺寸在外，以避免尺寸线与尺寸界线不必要的干涉性相交，如图 4-19 所示为形体的径向尺寸。

同一方向上连续标注的几个尺寸应尽量布置在一条线上，如图 4-20。

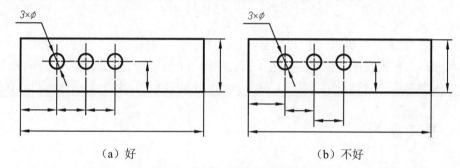

（a）好　　　　　　　　　　　　　　（b）不好

图4-20　尺寸清晰标注对比之三

尺寸应尽量标注在视图之外，保持视图清晰。单方向的相关尺寸尽量标注在对应两相关视图之间，便于对照。

集合体尺寸标注时，除"符合国标，注写齐全，整齐清晰"的基本要求外，一般应避免标注封闭尺寸。如图 4-21 所示，长度方向 12、18、30 三个尺寸只要标注其中的两个即可，具体标注哪两个，根据设计、制造的重要程度确定。

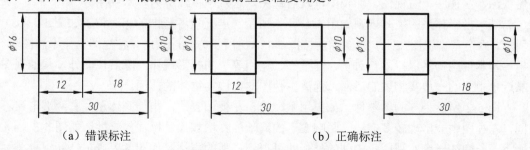

（a）错误标注　　　　　　　　　　　　（b）正确标注

图4-21　尺寸合理标注对比

第5章 图样画法

三视图是表达物体的基本方法。但在绘制图样时，因其存在视图冗余、投影失真及虚线较多等不足，故并不适用于生产实际。通常，人们是依据国家标准关于图样画法的规定来表达物体的。国家质量技术监督局颁布了 GB/T 17451—1998《技术制图 图样画法 视图》、GB/T 17452—1998《技术制图 图样画法 剖视图和断面图》及 GB/T 17453—2005《技术制图图样画法剖面区域的表示法》等标准。这些标准规定了工程物体的各种表达方法，机械、电气、化工、建筑和水利工程等图样均应符合以上标准的规定。

5.1 视 图

根据 GB/T13361—2012、GB/T17451—1998 等有关标准和规定，用正投影法所绘制出的物体的图形，称为视图。视图主要用于表达物体的外形。一般只画出物体的可见部分，必要时才用虚线图显示其不可见部分。视图分为基本视图、向视图、局部视图和斜视图等。

5.1.1 基本视图

基本视图是将物体向基本投影面投射得到的视图。

为了清楚地表示物体在各个基本方向上的外部形状，根据国家标准规定，在原有三面投影体系的基础上，再在体系的左方、前方和上方各增加一个投影面，以构成六面投影体系，其中每个投影面称为一个基本投影面。将物体置于投影体系中且分别向六个基本投影面投射，即可得到六个基本视图。如图 5-1（a）所示，除主、俯、左视图外，还有从右向左投射得到的右视图，从下向上投射得到的仰视图及从后向前投射得到的后视图。主视图、俯视图、左视图、右视图、仰视图以及后视图，这六个视图称为基本视图。

基本投影体系的展开规则如图 5-1（b）所示；展开后各视图的相对位置如图 5-1（c）所示。六个基本视图在同一张图样内按图 5-1（c）所示方位配置时，各视图一律不注图名。

基本视图仍然保持"长对正、高平齐、宽相等"的投影规律。除后视图外，其他视图靠近主视图的一边实物体的后面，远离主视图的一边实物体的前面。

图 5-2 所示为一阀体零件。如果用主、俯、左视图表达，由于阀体左、右两端形状不同，左视图中会出现较多虚线，影响图形的清晰度并增加尺寸标注的难度，如图 5-2（a）所示。若增加一个右视图，阀体的外形即可得到清晰的表达，如图 5-2（b）所示。此外，为了完整地表达阀体的内腔及各处孔结构，在主视图中仍需画出虚线，而俯、左、右视图中的虚线则不必画出，以减少重复表达。

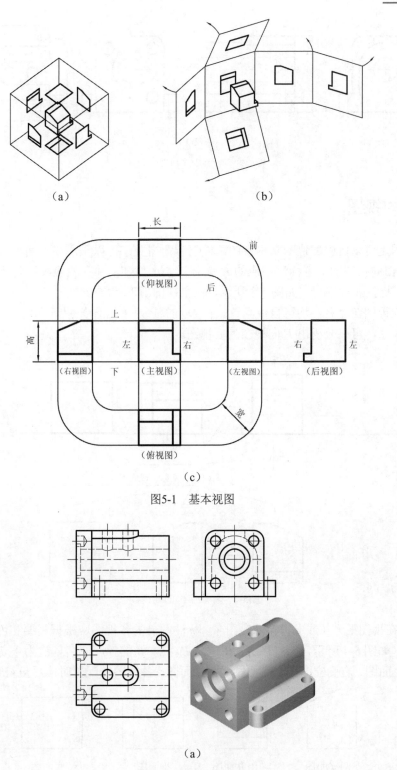

（a）

（b）

（c）

图5-1　基本视图

（a）

图 5-2　阀体及其视图

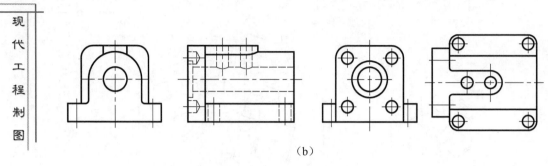

（b）

图5-2　阀体及其视图（续）

5.1.2　向视图

向视图是可以自由配置的基本视图。根据专业需要，可以采用如下两种图示方式。

（1）在向视图的上方标注相应的大写拉丁字母"X"，并在相应视图附近用箭头指明投射方向，标注相同字母。如图 5-3 所示，在主视图附近标出 B、C、D、E 四个投射方向，故相应的向视图在命名后均可自由配置。在 D 向视图（右视图）附近标出了 F 投射方向，根据投影关系，可以分析出 F 向视图为后视图。

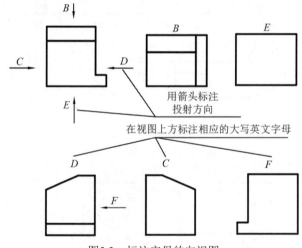

图5-3　标注字母的向视图

（2）在视图下方（或上方）标注图名。标注图名的各视图应根据需要和可能，按相关规则配置。如图 5-4 所示，向视图 A、B、C、D、E、F 的相应图名依次为正立面图、平面图、左侧立面图、右侧立面图、底面图、背立面图，各视图在配置时应尽量符合投影规律。

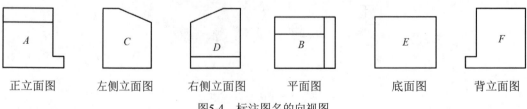

图5-4　标注图名的向视图

5.1.3　局部视图

局部视图是将物体的部分结构向某个基本投影面投射所得到的视图，如图5-5所示。

局部视图属于不完整的基本视图。在一个基本投射方向上，如果物体只有部分外形未表示清楚，为简化表达，可采用局部视图表示。

局部视图按基本视图方式配置时，可不进行标注，如图5-5（a）所示；按向视图方式配置时，应进行标注，如图5-5（b）所示。

局部视图的断裂线为波浪线（或双折线），它只在物体的连续表面上画出。当所表示的局部结构是完整的且其外轮廓线又成封闭时，波浪线可省略不画。

对称构件及物体的视图可只画一半或四分之一，并在对称中心线的两端按规定作出标识，如图5-6所示。

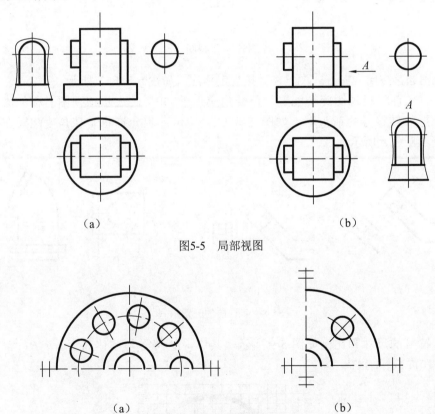

（a）　　　　　　　　　　　　（b）

图5-5　局部视图

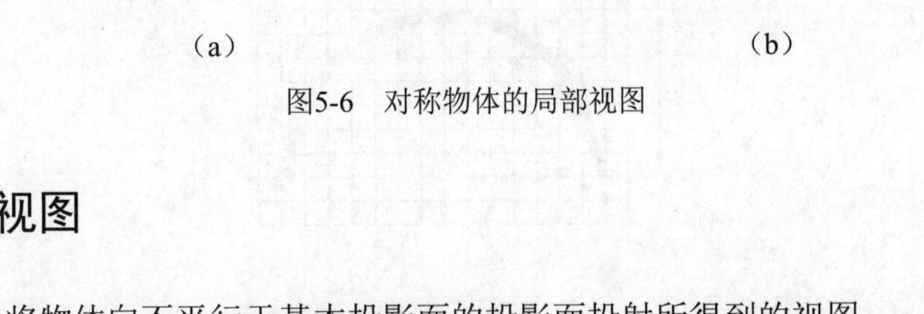

（a）　　　　　　　　　　　　（b）

图5-6　对称物体的局部视图

5.1.4　斜视图

斜视图是将物体向不平行于基本投影面的投影面投射所得到的视图。

为了表达物体上倾斜结构的实形，可选用一个平行于该结构的平面作为投影面，画出其斜视图。在斜视图中，物体上无须表达的部分可省略不画，并用波浪线（或双折线）画出相应的断裂边界，如图5-7所示。

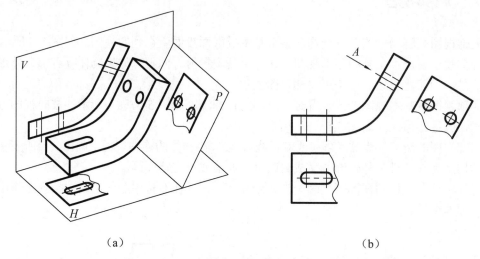

（a）　　　　　　　　　　　　　（b）

图5-7　斜视图

斜视图通常按向视图方式配置，并按规定标注，如图 5-8（a）所示。

必要时允许将斜视图旋转配置，但转角应小于 90°。表示该视图名称的大写拉丁字母应靠近旋转符号的箭头端，如图 5-8（b）所示；也允许将旋转角度注写在字母之后，如图 5-8（c）所示。

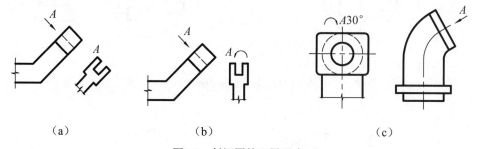

（a）　　　　　　　　（b）　　　　　　　　（c）

图5-8　斜视图的配置形式

旋转符号的尺寸和比例如图 5-9 所示，其中，h=符号与字体高度；$h=R$；符号笔画宽度= $(1/10)h$ 或 $(1/14)h$。

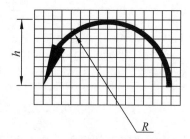

图5-9　旋转符号的尺寸和比例

5.2 剖 视 图

在视图中，不可见孔、洞及相关结构的投影只能用虚线表示。虚线过多会影响图形的清晰度，不利于画图和看图，如图 5-10（a）所示。为此，国家标准 GB/T 17452—1998《技术制图 图样画法 剖视图和断面图》和 GB/T 4458.6—2002《机械制图 图样画法 剖视图和断面图》规定了剖视图画法。

5.2.1 概述

1. 剖视图的形成

假想用剖切面剖开物体，并将位于观察者和剖切面之间的部分移去，将物体的剩余部分向相应的投影面投射，同时在剖面区域（剖切面与物体的接触部分）内填充规定的剖面符号，用这种方法所得到的图形，称为剖视图，如图 5-10（b）、（c）所示。由于移去了遮挡部分，而使物体剩余部分的孔、洞等结构变为可见，其投影轮廓画成粗实线，因此图形清晰，便于画图、看图。

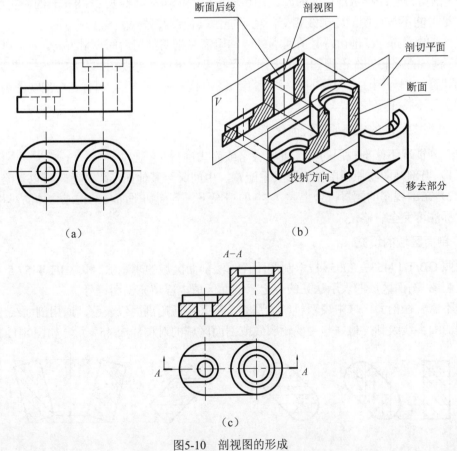

（a）

（b）

（c）

图5-10 剖视图的形成

2. 剖视图的画法

一般地,绘制剖视图可参照下列步骤进行。

(1)对物体做形体分析,弄清其结构。

(2)确定剖切位置及投射方向,并根据规定进行标注。剖切面可以是平面或曲面,它们应通过物体的对称面或孔、洞的轴线,以反映物体内部结构的实形。

(3)画出轮廓的投影并填充剖面符号。由于通孔的存在,剖面区域由一个或几个离散部分组成,画剖面区域的投影时,应先分析离散部分的数量,再判断其形状,最后画出正确的投影。

(4)补全缺漏的轮廓线。物体的剩余部分在作投射时,除应画出剖面区域的投影外,在剖面后仍有轮廓需要投射。对于这些轮廓,要根据其特点及作用进行取舍。有些原有的不可见结构,由于剖切成为可见,这时应把它们的投影轮廓线改画成粗实线;仍然不可见的轮廓线,若对物体的表达不产生影响,则不应画出。

3. 剖视图的标注

为了便于看图,在画剖视图时,应将剖切位置、剖切后的投射方向和剖视图的名称标注在相应的视图上,如图 5-10(c)所示。

标注的内容有以下 3 项。

❖ 剖切符号:指示剖切面的起、讫和转折位置的符号(线长 5~8 mm 的粗实线),并尽可能不与视图的轮廓线相交,也不能由其他图线替代。

❖ 投射方向:在剖切符号的两端外侧,用箭头指明剖切后的投射方向。

❖ 剖视图名称:在剖视图的上方用大写拉丁字母标注剖视图的名称"×-×",并在剖切符号的一侧注上相同的大写拉丁字母。在同一张图样上,如有几个剖视图需标注,则字母不得重复使用。

4. 剖视图标注的省略原则及简化

在下列情况下,剖视图的标注可以省略或简化:

(1)当剖视图与原视图按投影关系配置,中间又无其他图形隔开时,可以省略箭头。

(2)在剖视图的配置符合上述(1)的情况下,若剖切平面与结构或物体的对称面重合,则标注可完全省略。

5. 剖面区域的填充

按照 GB/T 17453—2005《技术制图图样画法剖面区域的表示法》和 GB/T 4457.5—2013《机械制图 剖面区域的表示法》的规定,剖面区域内应填充剖面符号。

当不需要在剖面区域中表示材料类别时,可采用通用剖面线表示。通用剖面线应以适当角度的细实线绘制,最好与主要轮廓线或剖面区域的对称线成 45°角,如图 5-11 所示。

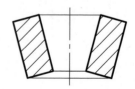

图5-11 剖面线的画法

当需要在剖面区域中表示材料的类别时，则应采用特定的剖面符号表示，如表 5-1 所示。特定剖面符号由相应的标准规定，必要时可在图样上用图例的方式说明。特定剖面符号的图例分类如表 5-1 所示。

表5-1　特定剖面符号分类示例

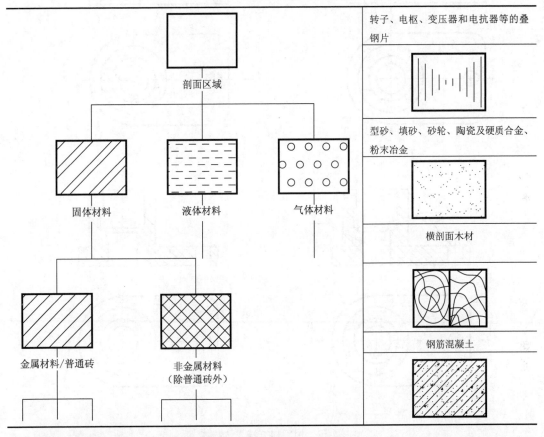

【例 5-1】将图 5-12（a）所示的物体用剖视方法表达。

【解】物体的内部组成包括孔、槽等结构。从前向后投射时，这些结构均不可见，故需对物体的主视图作剖视表达。由于物体前后对称，故选用通过物体左右两孔的轴线的平面（即前后对称面）进行剖切，如图 5-12（b）所示。

判断并画出剖面区域轮廓的投影，然后填充剖面线。补全缺漏的投影轮廓线。对于结构Ⅰ，其前半部分被移去，后半部分仍不可见但形状已表达清楚，故该处投影轮廓线应去掉；结构Ⅱ处的孔口线在剖切后成为可见，其投影应为粗实线；同样，结构Ⅲ在剖切后也为可见，其投影轮廓应以粗实线表示，如图 5-12（c）所示。

最后结果如图 5-12（d）所示。

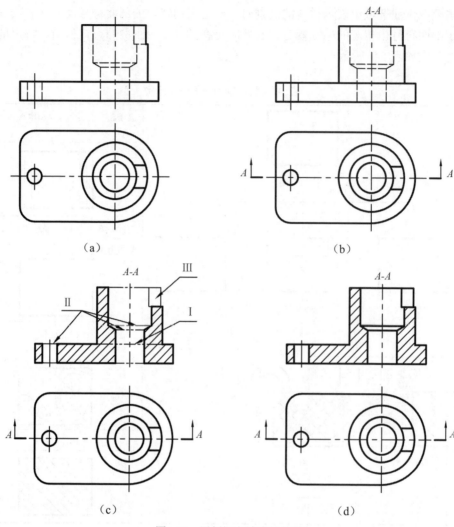

图5-12　用剖视方法表达物体

5.2.2　剖视图的种类

剖视图可分为全剖视图、半剖视图和局部剖视图。

1. 全剖视图

用剖切面完全地剖开物体所得到的剖视图，称为全剖视图（简称全剖），如图 5-13 所示。全剖视图主要用于表达外形简单、内部结构较为复杂的不对称物体。

图 5-13 所示物体的外形较为简单。如图 5-13（a）所示，为了表达物体的内腔及其附属凸台的形状，可用一个过物体顶部圆柱孔轴线的正平剖切平面将物体剖开，以在主视图上形成全剖视图；而该物体上的其他结构，如内壁上凸台处的圆孔及底板上的小圆孔等，可采用过这些孔轴线的侧平剖切平面把物体剖开，在左视图上形成另一个全剖视图。完整的表达方案如图 5-13（b）所示。

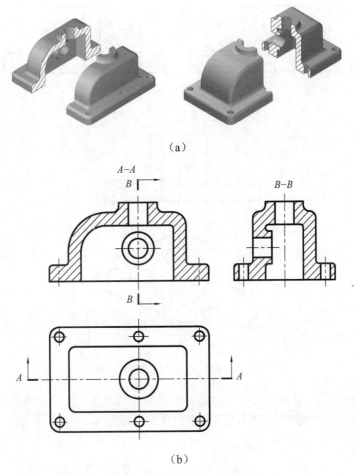

（a）

（b）

图5-13　物体的全剖视图

2. 半剖视图

当物体具有对称平面时，向垂直于对称平面的投影面上投射所得到的图形，可以以对称中心线为界，一半画成剖视图，另一半画成视图，这样的图形称为半剖视图（简称半剖），如图 5-14 所示。

半剖视图主要适用于内、外形状均需表达的对称物体。

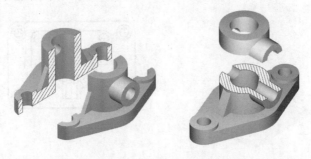

（a）

图5-14　半剖视图的形成及画法

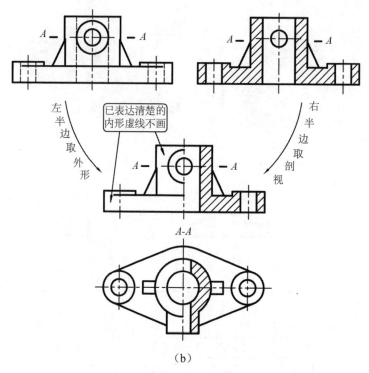

（b）

图5-14 半剖视图的形成及画法（续）

图 5-15 所示支架，前后、左右均对称。为了清楚地表达该支架，可采用如图 5-15（a）所示的剖切方式，将主视图、俯视图画成半剖视图，如图 5-15（b）所示。

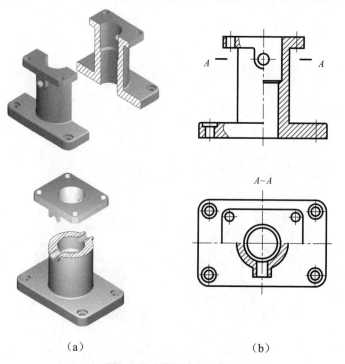

（a）   （b）

图5-15 支架的半剖视图

在半剖视图中，视图部分与剖视部分的分界线为细点画线；视图部分不画表示内腔的虚线；半剖视图的标注方式与全剖视图相同。

物体的形状近似对称，而且不对称部分已另有图形表达清楚时，也可以画成半剖视图，如图 5-16 所示。

3. 局部剖视图

用剖切面局部地剖开物体所得到的剖视图，称为局部剖视图（简称局部剖），如图 5-17 所示。

局部剖视图是一种较为灵活的表达方法，用视图部分表达物体的外部形状，用剖视图部分表达物体的内部结构。视图部分与剖视部分一般以波浪线分界，如图 5-17（b）所示；有时也可用双折线代替波浪线，如图 5-17（c）所示。

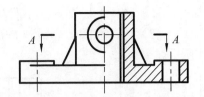

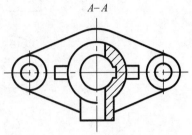

$A-A$

图5-16　近似对称物体的半剖视图

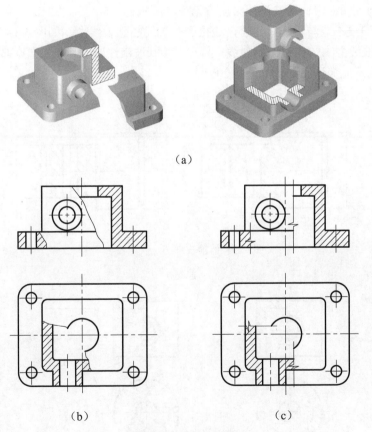

（a）

（b）　　　　　　（c）

图5-17　局部剖视图

局部剖视图一般适用于下列几种情况。

（1）物体不对称，但在同一投影图上内外形状均需表达，而它们的投影又基本不重叠时，如图 5-17 所示；

（2）物体上某些小的内部结构需要表达时，如图5-15、图5-17中底板上的小孔；

（3）当物体的内（或外）轮廓正好位于对称平面上，不能使用半剖视图时，如图5-18所示。

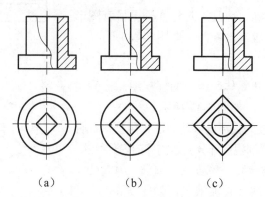

（a）　　　　　（b）　　　　　（c）

图5-18　对称面上有轮廓线的物体的局部剖视图

在局部剖视图中，使用波浪线时应遵循下列要求：

（1）波浪线不能与轮廓线重合，或位于轮廓线的延长线上，如图5-19所示；

（2）波浪线为物体的假想断裂线，因此在绘制波浪线时，其起、讫点都在物体的边界轮廓线上，且不能穿过通孔，如图5-20所示。

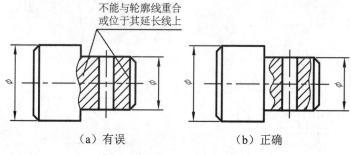

（a）有误　　　　　　　　（b）正确

图5-19　波浪线画法正误比较Ⅰ

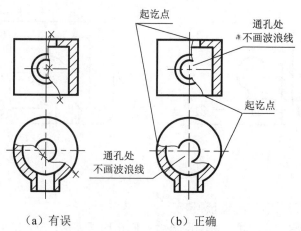

（a）有误　　　　　　　　（b）正确

图5-20　波浪线画法正误比较Ⅱ

5.2.3 剖切面的种类

根据物体的结构特点，可选择以下剖切面剖开物体。

（1）单一剖切面；

（2）几个平行的剖切面；

（3）几个相交的剖切面（交线垂直于某一基本投影面）。

1. 单一剖切面

单一剖切面又分为三种情况。

1）单一剖切面是基本投影面的平行面

全剖视图、半剖视图及局部剖视图都属于这类情况。如图 5-21 所示，"*A-A*"剖切面为正平的单一剖切面。

2）单一剖切面垂直于基本投影面

当物体的内部结构倾斜于基本投影面时，在基本视图上不能反映其实形。可用一平行于倾斜结构的剖切面剖开物体，剖开后再投射到与剖切面平行的辅助投影面上，以表达其内部实形。如图 5-22 所示，"*A-A*"为正垂的单一剖切面。

这种用不平行于任何基本投影面的剖切面剖开物体所得到的剖视图，称为斜剖视图（简称斜剖）。

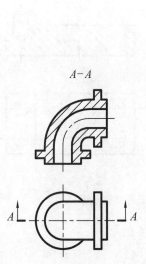

图5-21 单一剖切面平行于基本投影面

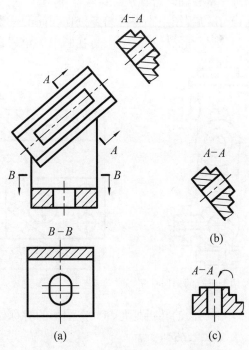

图5-22 单一剖切面垂直于基本投影面

斜剖视图可按投影关系配置，如图 5-22（a）所示；也可以平移至其他位置，如图 5-22（b）所示；需要时还可以将其转正，但转角应小于 90°，且图名标注为"*A-A*⌒"，如图 5-22（c）

所示。

3）单一剖切面为柱面

这时剖视图应展开绘制，如图5-23中的"*B-B* 展开"。

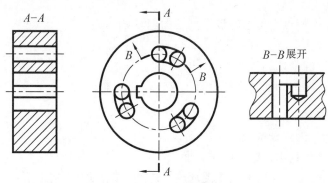

图5-23　单一剖切面为柱面

2. 几个平行的剖切面

当物体的内部结构层次较多，且无法同时用一个剖切面剖切时，可用几个相互平行的剖切平面剖开物体，然后向同一基本投影面投射，以表达多处内部结构，如图5-24所示。

这种用一组平行的剖切面剖开物体所得到的剖视图，称为阶梯剖视图（简称"阶梯剖"）。

画阶梯剖视图时应该注意：

（1）在剖视图中不得画出各剖切面间的分界线；

（2）剖切面的转折处不应与视图中的轮廓线重合，如图5-25所示；

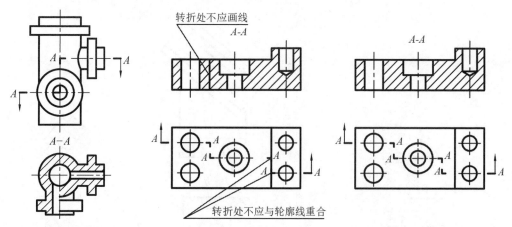

图5-24　两个平行的剖切平面　　　　图5-25　几个平行平面剖切时注意事项

（3）剖切面的转折处允许放在图形的对称处，如图5-24所示。

3. 几个相交的剖切面

当物体具有明显的回转轴线，且该轴线垂直于某一基本投影面时，可采用相交于此轴线的两平面剖开物体，然后，假想地将倾斜平面剖开的结构旋转到与选定投影面平行后再投射，以同时表达物体上的正、斜结构，如图5-26和图5-27所示。

这种用两个相交平面剖开物体所得到的剖视图，称为旋转剖视图（简称旋转剖）。

值得注意的是，被旋转的结构，在投射后，两视图之间有可能不是直接的三等关系。

物体上处在剖切面后的其他结构一般仍按原位置投射。如图 5-27 所示，摇臂的右部进行了旋转，但圆孔在主、俯视图中仍保持着"长对正"的投影关系。

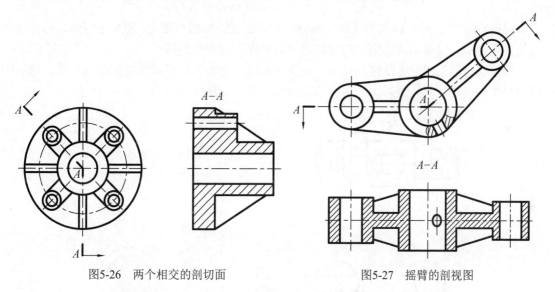

图5-26　两个相交的剖切面　　　　　　图5-27　摇臂的剖视图

当物体的形状比较复杂时，可以采用多个相交的剖切面将其剖开，此时需要把几个剖切面的剖面区域及有关部分展开成某一基本投影面的平行面再投射，并标注"×-×展开"，如图 5-28 所示。

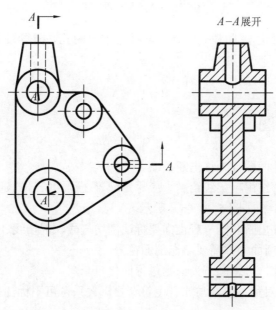

图5-28　多个相交的剖切面剖切及其展开画法

5.3 断 面 图

根据 GB/T 17452—1998 和 GB/T 4458.6—2002 相关标准和规定，假想地用剖切面将物体的某处切断，仅画出剖切面与物体接触部分的图形，称作断面图。

断面图与剖视图的主要区别在于：断面图是面的投影，仅需画出物体断面形状；而剖视图是体的投影，要将剖切面之后结构的投影画出，如图 5-29 所示。

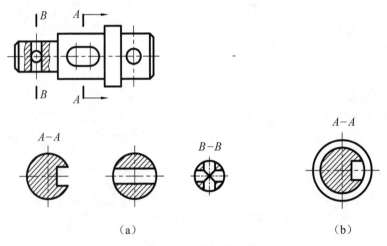

图5-29 断面图与剖视图

断面图主要用来表达像肋板、轮辐、型材及轴上的孔、槽等常见结构处的物体断面形状。

断面图分为移出断面图和重合断面图。

5.3.1 移出断面图

画在视图之外的断面图称为移出断面图。

移出断面图的轮廓线用粗实线绘制。应尽量配置在剖切符号的延长线上；或配置在其他适当的位置，如图 5-29、图 5-30（a）所示。

与剖视图类似，移出断面图一般也需要标注剖切符号、剖切线、投射方向及字母，如图 5-30（a）所示。其断面同样需要填充剖面符号。

移出断面图的标注，可遵循下列原则进行简化。

（1）断面图形不对称，但其与原视图符合投影关系，可不标注投射方向，如图 5-30 所示。

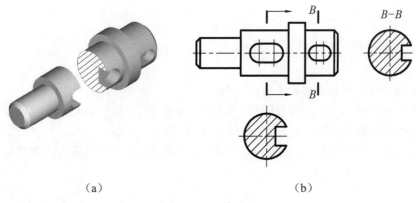

（a）　　　　　　　　　　　　　　（b）

图5-30　移出断面图

（2）断面图形对称，但不布置在剖切符号的延长线上，可不标注投射方向，如图 5-29（a）所示。

（3）断面图形不对称，但布置在剖切符号的延长线上，可省略字母，如图 5-30 所示。

（4）断面图形对称，且布置在剖切符号的延长线上，标注可全部省略，如图 5-29（a）所示。

国家标准规定：

（1）若剖切面通过回转面形成的孔或凹坑的轴线时，这些结构按剖视图绘制，如图 5-31 所示。

（2）当剖切面通过非圆孔会导致完全分离的两个断面时，这些结构应按剖视图绘制，如图 5-32 所示。

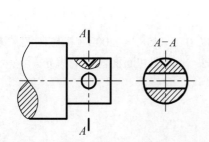

图5-31　通过圆柱孔和圆锥坑轴线的断面图

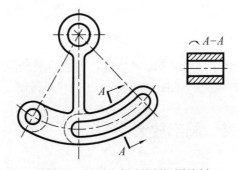

图5-32　断面分离时按剖视图绘制

（3）对称的移出断面图可画在视图的中断处，如图 5-33 所示。

（4）由两个或多个相交平面剖出的移出断面图，断面中间应断开，如图 5-34 所示。

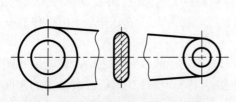

图5-33　画在视图中断处的移出断面图

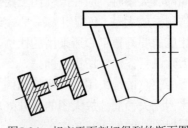

图5-34　相交平面剖切得到的断面图

5.3.2 重合断面图

画在视图之内的断面图称为重合断面图。

重合断面图的轮廓线用细实线绘制,如图5-35所示。当视图的轮廓线与重合断面图重叠时,视图中的轮廓线应连续画出,不可间断,如图5-36所示。

对称的重合断面不必标注,如图5-35、图5-37所示;不对称的重合断面需标注剖切符号及投射方向,如图5-36所示。

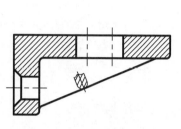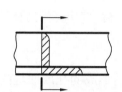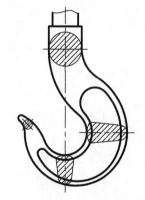

图5-35　肋板的重合断面图　　　图5-36　角钢的重合断面图　　　图5-37　吊钩的重合断面图

5.4　其他图样画法

本节所介绍的表达方法,符合机械制图国家标准GB/T 4458.1—2002《机械制图 图样画法 视图》、GB/T 4458.6—2002《机械制图 图样画法 剖视图和断面图》的规定。

5.4.1 局部放大图

当机件上的局部细小结构,用图样的比例表达不清楚或难于标注尺寸时,可以将这些结构采用大于原图的比例画出,这种图形称作局部放大图,如图5-38所示。

局部放大图可以绘制成视图、剖视图或断面图,而与被放大部分的原表达方式无关;绘制局部放大图时,应在原视图上用细实线圆(或长圆)圈出被放大的部位;当机件上有多处结构需放大时,必须用大写罗马数字依次标明被放大的部位,并在局部放大图的上方,注明相应的罗马数字和所采用的比例,并用细实线将二者上、下分开,当机件仅有一个部位放大时,只需注明所用比例。

需要注意的是:图上注明的比例为放大图形与实物的线性尺寸之比,而与原视图所采用的比例无关。局部放大图的断开处用波浪线绘制。同一机件在局部放大图中的剖面符号要与原视图中的剖面符号完全一致。

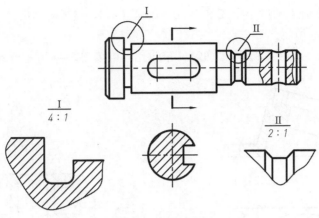

图5-38　局部放大图

5.4.2　简化画法与其他规定画法

（1）在不引起误解时，零件图中的移出断面允许省略剖面线，如图 5-39 所示。

（2）对于机件上的肋、轮辐及薄壁等结构，如按纵向剖切，则这些结构均不画剖面符号，且用粗实线将它与邻接部分隔开，如图 5-40、图 5-41 所示。

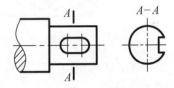

图5-39　省略剖面线的断面图

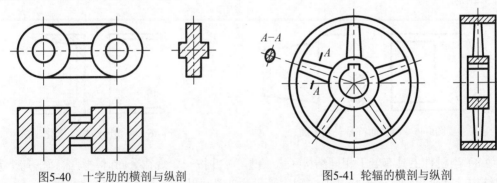

图5-40　十字肋的横剖与纵剖　　　　　图5-41　轮辐的横剖与纵剖

（3）当回转体机件上均匀分布的肋、轮辐、孔等结构不处在剖切面上时，可以将这些结构旋转至剖切面上画出，如图 5-41、图 5-42 所示。

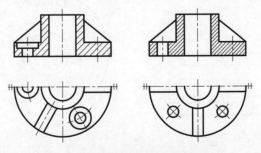

图5-42　均匀分布孔和肋板的剖视图

（4）与投影面倾斜角度小于或等于 30° 的圆（弧），投影时可用圆（弧）代替投影椭圆（弧），如图 5-43 所示。

（5）圆柱形法兰和类似机件上均匀分布的孔，可按图 5-44 所示方式表示。

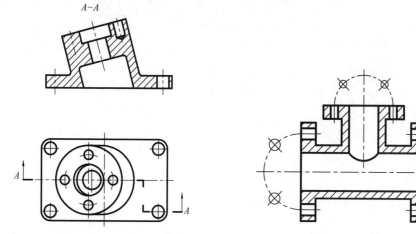

图5-43　倾斜角度≤30° 的圆的简化画法　　　图5-44　圆柱形法兰的表示

（6）平面图形不能充分表达平面时，可用两条相交的细实线所画的平面符号表示，如图 5-45 所示。

（7）机件上斜度不大的结构，如在一个图形中已表达清楚时，其他图形可按小端画出，如图 5-46 所示。

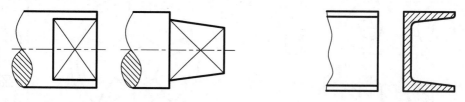

图5-45　用平面符号表示平面　　　　　　图5-46　小斜度结构的简化画法

（8）当机件上具有若干相同结构（齿、槽等）并按一定规律分布时，只需画出几个完整的结构，其余用细实线连接，但在图中必须注明该结构的总数，如图 5-47 所示。

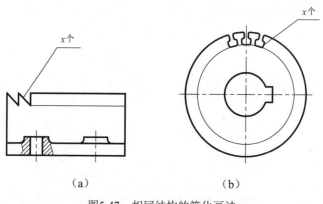

（a）　　　　　　　　　　　　（b）

图5-47　相同结构的简化画法

（9）直径相同且成规律分布的孔（圆孔、螺孔、沉孔等），可仅画出一个或几个，其余只需用点画线表示出其中心位置，但应注明孔的总数，如图5-48所示。

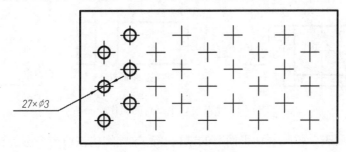

图5-48 相同孔的简化画法

（10）机件上的较小结构如在一个视图中已表示清楚时，其他图形中可以简化或省略，如图5-49所示。

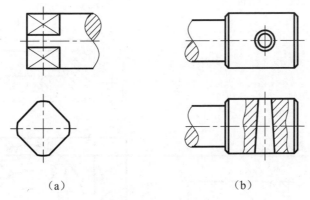

（a） （b）

图5-49 小结构的简化画法

（11）网状物、编织物或机件上的滚花部分，可在轮廓线附近用粗实线完全或部分画出，并在零件图上或技术要求中注明这些结构的具体要求，如图5-50所示。

（12）较长的机件（轴、杆、型材、连杆等）沿长度方向的形状一致或按一定规律变化时，可断开后缩短绘制，但要标注实际长度的尺寸，如图5-51所示。

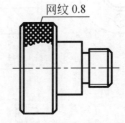

网纹0.8

图5-50 网状物、编织物及滚花的简化画法

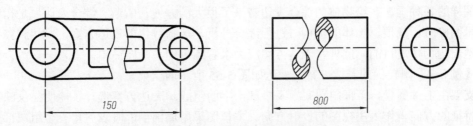

150

800

图5-51 长机件的断开画法

（13）在不引起误解时，机件图中的小圆角、锐边的小倒角或 45° 小倒角，允许省略不画，但必须注明尺寸或在技术要求中加以说明，如图 5-52 所示。

锐边倒圆R0.5

图5-52　小圆角、小倒角的简化画法

（14）在需要表示位于剖切平面前的结构时，这些结构按假想投影的轮廓线，即双点画线绘制，如图 5-53 所示。

（15）在剖视图的剖面区域内，可再作一次局部剖。采用这种表达方法时，两个剖面区域的剖面线应同方向、同间隔，但要相互错开，并用引出线标注其名称，如图 5-54 所示。当剖切位置明显时，也可省略标注。

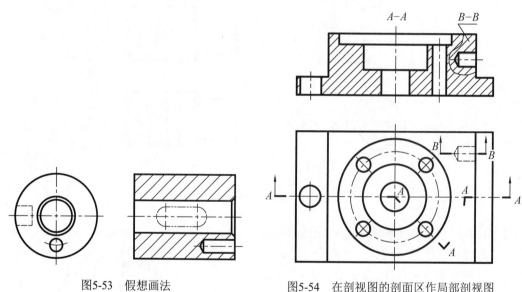

图5-53　假想画法　　　　　　图5-54　在剖视图的剖面区作局部剖视图

5.5　图样画法综合应用举例

图样的各种画法，给物体的综合表达带来了很大的方便。所谓"综合表达"是指在绘制技术图样时，应根据物体的结构，进行综合分析，选择较优的表达方案，以达到完整、清晰地表达物体之目的。此外，表达方案应力求看图方便，画图简单。

【例 5-2】用较优的表达方案，表达如图 5-55 所示的支架。

支架由上部圆管、下部斜置底板及中部十字肋组成。表达方案选择了能明显反映物体倾斜特征的方向，作为主视图的投射方向。主视图采用局部剖，既表达了三个组成部分的外部形状及相对位置，又表达了圆筒的孔和底板上 4 个小孔的内部结构形状，其中肋板表面与圆柱表面的交线采用了简化画法；左视图采用局部视图，表明了圆筒与十字肋的前后位置关系；为表达底板的真实形状及其与十字肋的前后位置关系，采用"A⌒"斜视图；十字肋的断面形状采用一个移出断面表达。这样既完整又简洁地表达了该支架的形状。

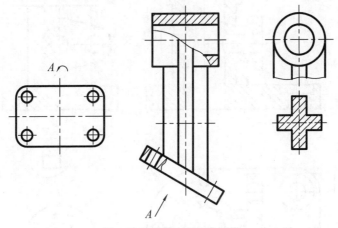

图5-55　物体的综合表达 I

【例5-3】用较优的表达方案，表达图5-56所示的物体。

【解】（1）读懂图5-56（a）给出的视图，对物体进行形体分析。

（2）确定表达方案。

① 选择主视图。主视图应尽可能多地反映物体的结构特点。原题图中的主视图，基本上把物体各部分的结构都涉及了，因而仍沿用原主视图方向。由于各孔洞在主视图上的投影为虚线，需采用剖视方法表达。根据物体的结构特点，可选择两个平行平面、一个相交平面剖切物体，以得到全剖的主视图"A-A"，这样能同时表达底板左侧的阶梯孔、中间圆筒及其左侧的空腔结构、倾斜的方孔及顶板上的小孔。

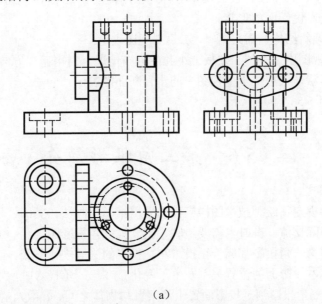

（a）

图 5-56　物体的综合表达 II

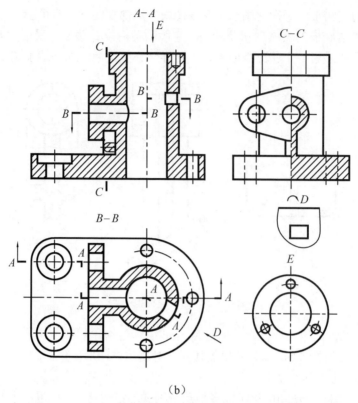

（b）

图5-56　物体的综合表达Ⅱ（续）

② 俯视图中采用了两个平行的平面进行剖切，以得到"*B-B*"剖视图，可以表达方孔的形状和位置以及左侧的两通孔。

③ 在左视图中，由于物体前后基本对称，采用沿肋板处的半剖视图"*C-C*"，表达肋板的前后位置以及左侧端面的形状。

（3）方孔为倾斜结构，需采用"⌒*D*"斜视图表达。

在"*B-B*"剖视图中，失掉了顶板上小孔的分布情况，需用俯视方向的局部视图表达。肋板的断面形状，采用位于主视图中的重合断面图表示。

表达结果如图 5-56（b）所示。

5.6　第三角投影简介

现行国家标准规定，绘制技术图样应优先采用第一角画法。美国、日本则采用第三角画法。为了便于国际交流，有时也需要绘制、阅读第三角投影图样。

第三角投影与第一角投影都属于正投影法，投影的三等规律不变。两种投影法的主要区别在于物体与基本投影面的位置关系发生了变化。在第一角投影时，物体置于观察者与投影面之间；而第三角投影则是投影面置于观察者与物体之间，好像人是隔着玻璃看物体，再把看到的图形描绘在玻璃上，如图 5-57 所示。

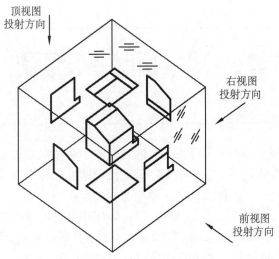

图5-57　第三角投影体系

第三角投影的投影体系展开的方法与第一角投影的情景类似，是正立投影面不动，其他投影面依次展开。

将投影体系展开后，各视图之间的相对位置如图 5-58 所示。各视图的名称分别为前视图、顶视图、右视图，左视图、底视图和后视图，各视图之间仍遵循"长对正，高平齐，宽相等"的三等规律，但方位却发生了变化，第一角投影为"远离主视图的是前方"，而第三角投影为"靠近前视图的是前方"。

为了区别第一角投影和第三角投影，国家标准规定第一角投影的标识符号如图 5-59 所示。第三角投影的标识符号如图 5-60 所示。

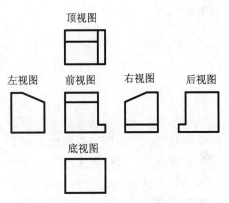

图5-58　第三角投影基本视图的配置

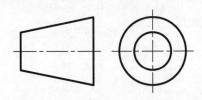

图5-59　第一角投影的标识符号

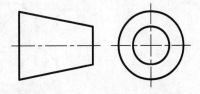

图5-60　第三角投影的标识符号

采用第三角投影时，必须在图样中画出第三角投影的标识符号。

第6章 零件图、装配图简介

任何机器或部件都是由若干零件按一定的装配关系和技术要求装配而成。表示机器或部件的工程图样，称为装配图。表示单个零件的工程图样，称为零件图。

装配图和零件图是机械图样中两种主要的图样。零件图是加工制造零件的依据，图中表达了零件的结构形状、尺寸大小和技术要求；装配图是机器或部件设计与装配的基础，图中表达了机器或部件的装配关系、工作原理、主要零件的结构形状和技术要求。设计时，一般先画出装配图，再根据装配图来设计零件并画出零件图；装配时，又以装配图为依据，把零件装配成部件或机器。由此说明，零件与部件或机器的关系、零件图与装配图的关系是互相依存、十分密切的。

6.1 装配图的基本内容

图 6-1 是一种手动螺旋千斤顶的直观图，这种千斤顶主要用于汽车维修和机械安装过程中顶起重物。由图可以看出，螺套装在底座孔中，由 M10×12 的螺钉固定，以避免二者之间相对运动；螺杆顶部有顶垫，它们之间为球面接触，由螺钉 M8×12 通过顶垫上的螺孔旋入螺杆上部的环形槽中，以保证顶垫与螺杆的可靠连接和相对旋转。工作时，转动穿在螺杆顶部孔中的绞杠使螺杆旋转，靠螺纹传动使螺杆相对螺套可上下移动，上移时顶起重物。

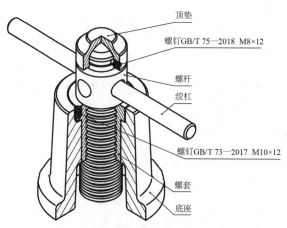

图6-1 手动螺旋千斤顶的直观图

图 6-2 是千斤顶的装配图，一张完整的装配图应具有：一组视图、一些必要的尺寸、技术要求、零（部）件序号、明细栏和标题栏。

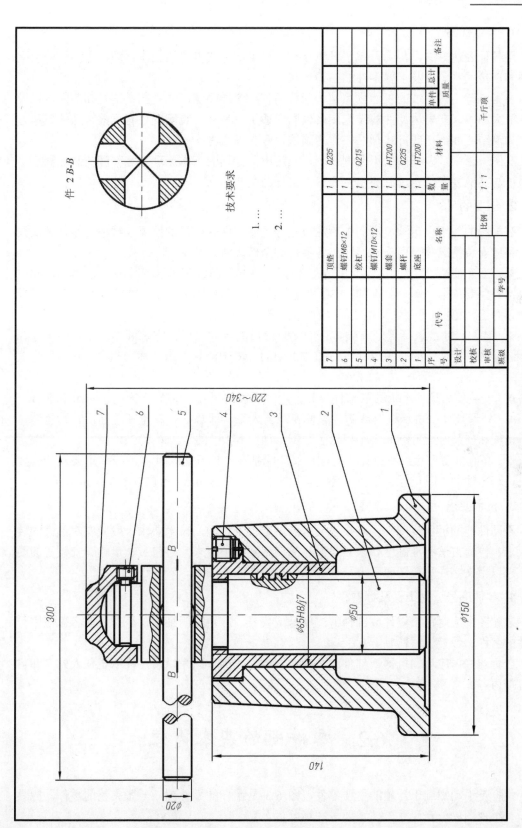

件 2 B-B

技术要求

1. ……
2. ……

7		顶垫	1	Q235		
6		螺钉M8×12	1	Q215		
5		绞杠	1			
4		螺钉M10×12	1			
3		螺套	1	HT200		
2		螺杆	1	Q235		
1		底座	1	HT200		
序号	代号	名称	数量	材料	单件 总计	备注
					质量	
设计				千斤顶		
校核		比例	1 : 1			
审核						
班级		学号				

图6-2　手动螺旋千斤顶的装配图

1. 一组视图

用各种表达方法，正确、完整、清晰地表达出部件或机器的工作原理、零件间的装配关系和连接关系，以及主要零件的结构形状等。

在第 5 章中讨论过的表达物体结构形状的各种图样画法，如视图、剖视和断面，以及局部放大图等，在表达部件的装配图中也同样适用。另外，装配图还有一些特殊的表达方法，如沿结合面剖切或拆卸画法、假想画法、夸大画法等。

在图 6-2 中，主视图采用全剖视图，表达出千斤顶的工作原理、零件间的装配和连接关系；与其他视图结合，反映出主要零件螺杆的结构形状。

2. 必要的尺寸

装配图的作用决定了装配图中所注尺寸应说明部件或机器的性能、规格、零件装配关系、整体安装情况等，而不必标注出各零件的全部尺寸。

❖ 性能（规格）尺寸：表示产品的性能、规格和特征尺寸，是设计、选用部件和机器的主要依据。图 6-2 中的 $\phi 50$ 决定了该千斤顶的承载能力、220～340 表示该千斤顶的工作范围。

❖ 装配尺寸：包括保证有关零件间配合性质的尺寸、保证零件间相对位置的尺寸、装配时进行加工的有关尺寸等。图 6-2 中的 $\phi 65H8/j7$ 表示了螺套和底座孔的配合关系。

❖ 安装使用尺寸：机器或部件安装使用时所需的尺寸，如图 6-2 中的 $\phi 20$ 和 300。

❖ 外形尺寸：表示机器或部件整体轮廓的大小，即总长、总宽和总高，它为包装、运输和安装时所占空间大小提供了数据，如图 6-2 中的 $\phi 150$ 和 220。

❖ 其他重要尺寸：在设计中确定，又未包括在上述几类尺寸中的一些重要尺寸。如运动零件的极限尺寸、主体零件的重要尺寸等，如图 6-2 中的 220～340 和 140。

3. 技术要求

不同性能的机器或部件，其技术要求的内容也不相同，技术要求一般应有对部件的装配要求、检验方法和准确度要求，对产品的使用及维护要求，对包装、运输、安装等的要求。可以用文字注写在图面下方，也可以用符号标注在图中。

4. 零件序号、明细栏及标题栏

装配图中应对每个零件或部件编注序号或代号，并填写明细栏，分别说明各对应序号零件的名称、数量、材料等。

在标题栏内应填写机器或部件的名称、图样的比例、图号以及图样的责任人姓名和日期等项内容。

6.2　零件图的基本内容

螺杆是手动螺旋千斤顶的主要零件，图 6-3 是螺杆的零件图。一张完整的零件图应具有：一组视图、一套尺寸、技术要求和标题栏。

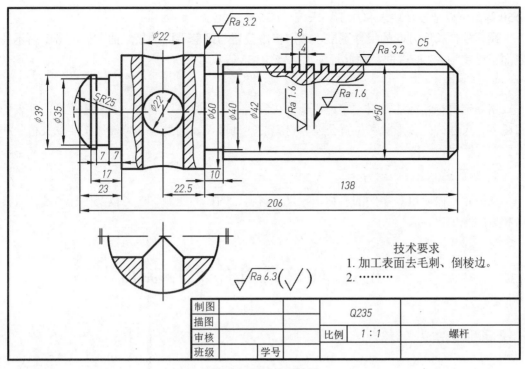

图6-3　螺杆的零件图

1. 一组表达零件结构形状的视图

用一组视图正确、完整、清晰、简洁地表达零件的内外结构形状。可以运用各种表达方法，如各种视图、剖视图、断面图、局部放大图及简化画法等，根据零件的复杂程度和结构特征来确定表达方案。

确定表达方案时，主视图的投射方向应选择最能反映零件结构形状特征的方向，主视图的安放位置尽量符合零件的工作位置或加工位置。适当数量的其他视图应配合主视图以补充表达零件内外结构细节。

如图 6-3 所示的螺杆零件图，由于其主体结构是同轴回转体，主视图按（车削）加工位置和形状特征选择，采用一个断面图补充主视图，可以完整表达螺杆的结构和形状。

2. 一套正确、完整、清晰、合理的尺寸

标注出零件在制造和检验时所需的全部尺寸，做到标注正确、完整、清晰、合理。第4 章已讨论过正确、完整、清晰的标注要求与方法。所谓合理，即零件上标注的尺寸能满足机器或部件装配设计要求，同时也应方便零件的加工制造和测量、检验。

保证标注合理的基本思路是：① 根据零件结构特征选择尺寸基准，包括设计基准和工艺基准。② 从设计基准出发标注的尺寸能满足装配设计要求，保证零件在部件或机器中的工作性能。③ 从工艺基准出发标注的尺寸能方便加工、测量。④ 合理标注应尽量使工艺基准与设计基准重合，当不能重合时，应优先保证设计基准要求。

图 6-3 所示的螺杆，在标注尺寸时，以水平放置的轴线作为径向尺寸基准（也就是高度与宽度方向的尺寸基准），由此标注出 $\phi39$、$\phi35$、$SR25$、$\phi22$、$\phi60$、$\phi40$、$\phi42$、

ϕ50 等，可以把设计要求和加工要求统一起来。

螺杆零件长度方向的尺寸基准，选用极限位置与螺套端面的接触面，如图 6-3 所示的表面粗糙度为 3.2 的端面，由此标注出 22.5、138 等尺寸。

3. 技术要求

用规定的符号标注或用文字说明零件在制造、检验时应达到的一些具体要求，如表面粗糙度、尺寸公差、形状和位置公差、材料的热处理及表面处理、特殊加工要求及检验和试验的说明等。

4. 标题栏

在标题栏内应填写零件的名称、数量、材料、图样的比例、图号以及图样的责任人姓名和日期等项内容。

6.3 螺纹紧固件及其联接

6.3.1 螺纹

1. 螺纹的形成

确定形状的一个平面图形（如三角形、矩形、梯形等）绕圆柱面（或圆锥面）作螺旋运动，形成一个圆柱（或圆锥）螺旋体。工业上，将这种螺旋体称为螺纹。实际加工时，制在外表面的螺纹称为外螺纹，制在孔腔内表面的螺纹称为内螺纹，外螺纹可以车削、辗制或用类似于内螺纹状的板牙来制成，内螺纹可以车削或用类似于外螺纹状的丝锥来制成。如图 6-4 所示为车削螺纹，图 6-5 为使用丝锥加工内螺纹。

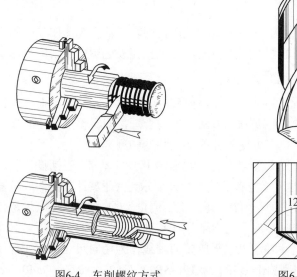

图6-4 车削螺纹方式

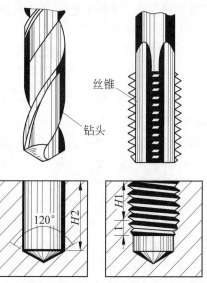

图6-5 用丝锥加工内螺纹

2. 螺纹的要素

1）螺纹牙型

在通过螺纹轴线的断面上，螺纹的轮廓形状称为牙型。常见的牙型有三角形、梯形、锯齿形和方形等。不同的螺纹牙型有不同的用途，如表 6-1 所示。

表6-1　常见标准螺纹的牙型及用途

螺纹名称及特征代号	牙型示例	一般用途	说明
普通螺纹M（分粗牙和细牙）	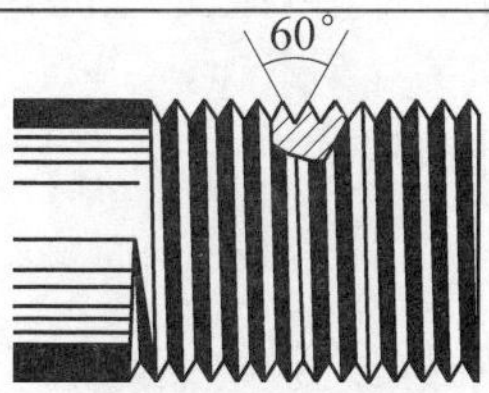 60°	一般连接用粗牙普通螺纹，薄壁精细连接用细牙普通螺纹	螺纹大径相同时，细牙螺纹的螺距和牙型高度均比粗牙的螺距和牙型高度要小
非螺纹密封的管螺纹G	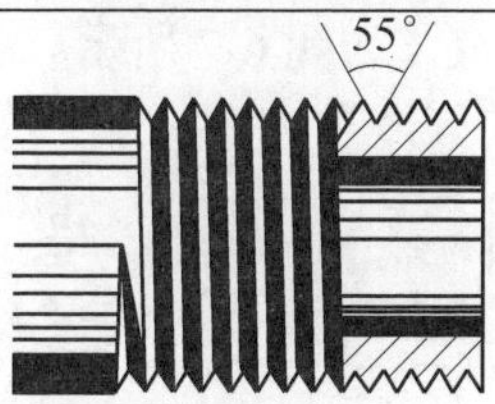 55°	常用于不需要密封的管路系统的连接	
用螺纹密封的管螺纹（Rc、Rp、R）	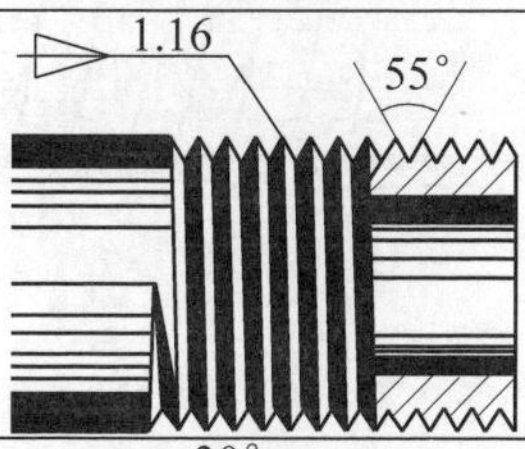 1.16　55°	常用于需要密封的管路系统的连接。如水、气、油管等连接	Rc表示圆锥内螺纹，Rp表示圆柱内螺纹，R表示圆锥外螺纹
梯形螺纹Tr	 30°	多用于各种机床的传动丝杠	可以双向动力传递
锯齿形螺纹B	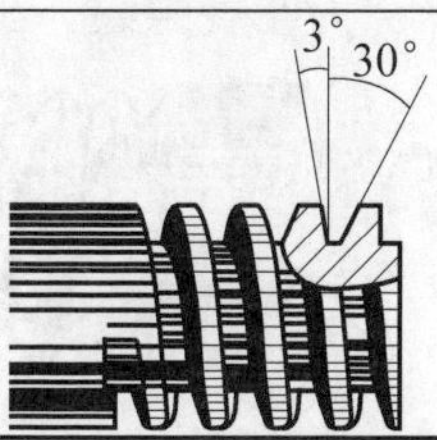 3°　30°	用于螺旋压力机的传动丝杠	作单向动力传递

2）公称直径

公称直径是代表螺纹规格大小的直径，除管螺纹外，一般情况指螺纹大径的基本尺寸。如图 6-6 所示，螺纹大径是与外螺纹牙顶或内螺纹牙底相重合的假想圆柱面的直径，用 d

（外螺纹）或 D（内螺纹）表示；与外螺纹牙底或内螺纹牙顶相重合的假想圆柱面的直径，称为螺纹的小径，用 $d1$（外螺纹）或 $D1$（内螺纹）表示。

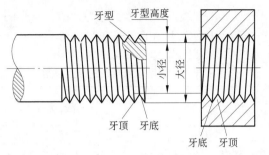

图6-6　螺纹的直径

3）线数

螺纹有单线和多线之分，沿一条螺旋线形成的螺纹为单线螺纹，沿两条或两条以上，在轴向等距分布的螺旋线所形成的螺纹为多线螺纹，如图 6-7 所示。

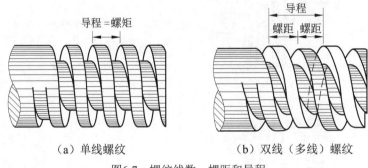

（a）单线螺纹　　　　　　（b）双线（多线）螺纹

图6-7　螺纹线数、螺距和导程

4）螺距和导程

螺纹相邻两牙对应两点间的轴向距离称为螺距。导程为同一条螺旋线上相邻两牙对应两点间的轴向距离，即转一圈旋进的距离。单线螺纹螺距和导程相同，多线螺纹的螺距等于导程除以线数。如图 6-7 所示。

5）旋向

与螺旋线一样，螺纹也分右旋和左旋两种，如图 6-8 所示，内外螺纹旋合时，顺时针旋入的螺纹，称为右旋螺纹；逆时针旋入的螺纹，称为左旋螺纹。工程中常用右旋螺纹。

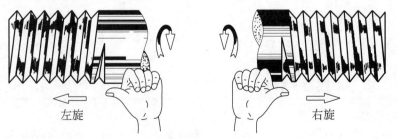

左旋　　　　　　　　　　　右旋

图6-8　螺纹的旋向

上述的牙型、公称直径、线数、螺距和旋向统称为螺纹的五要素。只有五要素完全相同的内外螺纹才能旋合使用，其中牙型、公称直径、螺距为主要的三要素。

凡是主要三要素均符号国家标准规定的螺纹，称为标准螺纹；牙型符合国家标准规定，公称直径和螺距不符合标准的螺纹，称为特殊螺纹；牙型不符合国家标准规定的螺纹，称为非标螺纹。设计时，如无特殊要求，尽量选用标准螺纹。

3. 螺纹的规定画法

为了简化作图，国家标准 GB/T 4459.1—1995《机械制图》规定了螺纹及螺纹紧固件在机械图样中的表示法。标准螺纹应用图示时，一般取螺纹小径为公称直径（大径）的0.85倍。

1）外螺纹的规定画法

螺纹的大径及螺纹终止线用粗实线表示，小径用细实线表示。在螺纹的非圆视图中，螺杆的倒角部分应画出，表示小径的细实线应画入倒角区；在螺纹的圆视图中，表示小径的细实线圆画约3/4圈，缺口一般留在左下角，此时螺纹的倒角圆规定省略不画。如图6-9所示。

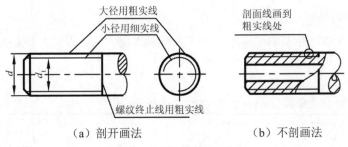

（a）剖开画法　　　　　　（b）不剖画法

图6-9 外螺纹的规定画法

2）内螺纹的规定画法

内螺纹一般要剖开表示，这时，在非圆视图中，螺纹大径用细实线表示（不得画入倒角区），螺纹小径和螺纹终止线用粗实线表示，图中的剖面线要画到表示小径的粗实线处；在可见的圆视图中，小径画成完整的粗实线圆，大径画成约3/4圈的细实线圆弧，倒角圆不画。当螺纹孔不可见时，所有的图线均用虚线画出。如图6-10所示。

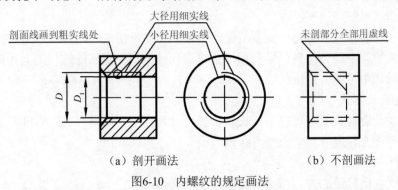

（a）剖开画法　　　　　　（b）不剖画法

图6-10 内螺纹的规定画法

对不通的螺孔，钻孔深度应比螺孔深度大 0.5d，受钻头结构的制约，盲孔底部锥孔的锥角自然形成 120°，如图 6-11 所示。

3）内外螺纹旋合的规定画法

如图 6-12 所示，以剖视图为例，内、外螺纹旋合时，其旋合部分规定按外螺纹绘制，其余部分仍按各自的画法表示。应该注意的是：当沿螺纹的轴线剖开时，实心杆件的外螺纹按不剖绘制。表示螺纹大、小径的粗、细实线应分别对齐，而与倒角的大小无关。

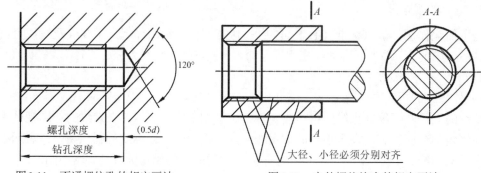

图6-11　不通螺纹孔的规定画法　　　　图6-12　内外螺纹旋合的规定画法

4. 常见螺纹的标记和标注

在按螺纹规定画法绘制的图样中，为了表达螺纹的五要素及其允许的尺寸加工误差范围，必须按相应的规定标记螺纹并进行标注。

1）普通螺纹

国家标准规定普通螺纹完整标记内容和格式如下。

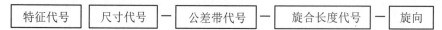

| 特征代号 | 尺寸代号 | — | 公差带代号 | — | 旋合长度代号 | — | 旋向 |

（1）特征代号

普通螺纹的特征代号为 M。

（2）尺寸代号

公称直径为螺纹的大径。对于单线螺纹，其尺寸代号为公称直径×螺距，粗牙普通螺纹可不标记螺距，细牙普通螺纹的螺距必须标记。对于多线螺纹，其尺寸代号为公称直径×Ph 导程 P 螺距。

（3）公差带代号

公差带代号表示尺寸的允许误差范围，由数字加字母组成，内螺纹字母用大写，外螺纹则用小写。包含中径公差带代号和顶径公差带代号，顶径是指外螺纹的大径或内螺纹的小径。当顶径和中径的公差带代号相同时，则只注一个代号，如 M12-6g。

（4）旋合长度代号

普通螺纹的旋合长度分短、中、长旋合长度三种，分别用符号 S、N 和 L 表示。当旋合长度为中等旋合长度时，N 一般不标记。

（5）旋向代号

左旋螺纹，则标记 LH，右旋螺纹的旋向不标记。

图 6-13 为普通螺纹标注示例，普通螺纹由大径引出尺寸界线，标记应注在大径的尺寸线上。

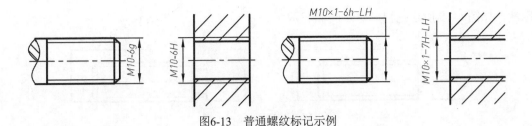

图6-13 普通螺纹标记示例

2）各种管螺纹

国家标准规定各种管螺纹的完整标记内容和格式如下。

| 特征代号 | 尺寸代号 | 公差带代号 | — | 旋向 |

各种管螺纹的特征号见表 6-1，公称直径不是管螺纹的大径，而是近似等于具有外螺纹的管子的孔径，并且以英寸为单位，但不注写单位，对于特征代号为 G 的非螺纹密封的管螺纹来说，其中径公差级别有两种，分别用 A、B 表示，其他管螺纹无中径公差级别之分；右旋螺纹的旋向不标记，左旋螺纹加旋向代号 LH。

图 6-14 为各种管螺纹标注例，其标记一律注在引出线上，引出线由大径或对称中心引出。

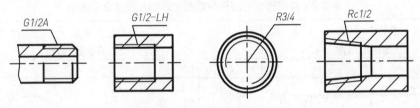

图6-14 各种管螺纹标记示例

3）梯形螺纹

国家标准规定梯形螺纹的完整标记内容和格式如下。

| 特征代号 | 尺寸代号 | 旋向 | — | 公差带代号 | — | 旋合长度代号 |

（1）梯形螺纹的特征代号为 Tr，公称直径为螺纹大径，右旋螺纹的旋向不标记，左旋螺纹加旋向代号 LH。

单线格式：

| 特征代号 | 公称直径 | × | 螺距 | 旋向 |

多线格式：

| 特征代号 | 公称直径 | × | 导程（P螺距） | 旋向 |

（2）中径公差带代号类似于普通螺纹。

（3）旋合长度部分。按公称直径和螺距大小，旋合长度分为中、长两种，分别用 N 和 L 表示。当为中等旋合长度时，N 不注。

梯形螺纹的标注形式与普通螺纹一样，应注意单线梯形螺纹和多线梯形螺纹的标记特殊性。如图 6-15 所示是梯形螺纹的标记示例。

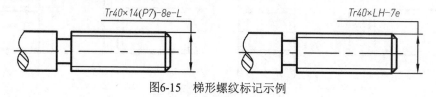

$Tr40×14(P7)-8e-L$ $Tr40×LH-7e$

图6-15　梯形螺纹标记示例

4）锯齿形螺纹

锯齿形螺纹的标记及标注方法与梯形螺纹完全相似，只是特征代号为 *B*。

6.3.2　螺纹紧固件

螺纹紧固件包括螺栓、双头螺柱、螺钉、螺母、垫圈等。这些零件的结构和尺寸已全部标准化，并由专门工厂大量生产。机械设计中，选用这些标准件时，不必准确画出它们的零件图，可按一定的规则简化画出，但必须写出其规定标记。

如表 6-2 所示为常用螺纹紧固件的标记示例及规定比例画法。

表6-2　常用螺纹紧固件规定标记示例及规定比例画法

名称、图例 规定标记示例	规定比例画法 （注：公称直径*d*、*D*）
六角头螺栓 M10 40 螺栓 GB/T 5782—2016 M10×40	30° 作图确定 *r* R1.5*d* *d* 2*d* 0.7*d*　设计确定 2*d* 作图确定 0.85*d* R*d* 0.15*d*×45°
双头螺柱 M12 35 螺柱 GB/T 897—1988 M12×35	0.15*d*×45°　0.15*d*×45° 0.85*d* *d* 2*d* 旋入端　设计确定 由被联接件的材料确定

续表

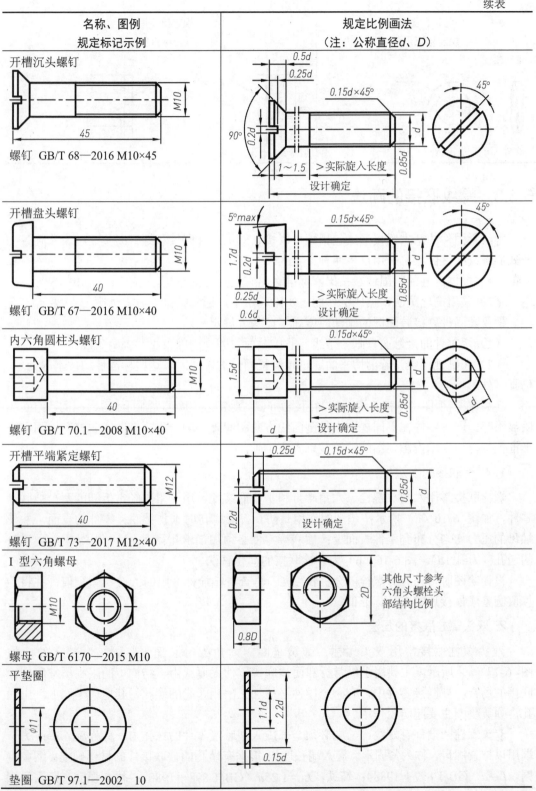

名称、图例 规定标记示例	规定比例画法 （注：公称直径d、D）
开槽沉头螺钉 螺钉 GB/T 68—2016 M10×45	
开槽盘头螺钉 螺钉 GB/T 67—2016 M10×40	
内六角圆柱头螺钉 螺钉 GB/T 70.1—2008 M10×40	
开槽平端紧定螺钉 螺钉 GB/T 73—2017 M12×40	
Ⅰ型六角螺母 螺母 GB/T 6170—2015 M10	
平垫圈 垫圈 GB/T 97.1—2002 10	

续表

名称、图例 规定标记示例	规定比例画法 （注：公称直径d、D）
弹簧垫圈 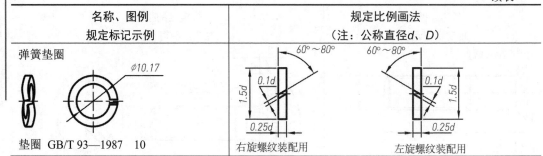 垫圈 GB/T 93—1987 10	 右旋螺纹装配用　　　　左旋螺纹装配用

6.3.3 螺纹联接的画法

螺纹紧固件的基本联接形式包括螺栓联接、双头螺柱联接和螺钉联接三种。绘制各种形式的螺纹联接图，可采用以下两种方案：

（1）根据选好的紧固件，按国家标准查出有关尺寸的绘制。

（2）采用简化画法，按比例作图。实际应用中，通常按第二方案画图。

螺纹紧固件联接装配图的画法应遵守下述基本规定：

（1）两零件的接触面只画一条线，非接触面（即使间隙很小）画两条线。

（2）在剖视图中，若剖切平面通过螺纹紧固件的轴线时，这些标准件均按不剖处理，仍画其外形。

（3）在剖视图中，相邻零件的剖面线方向尽量相反；也可以剖面线方向相同，但间隔明显不等；同一零件在不同视图中的剖面线方向和间隔必须一致；剖面线若整齐地画在矩形框范围内，表示投影范围的波浪线可省略不画。

1. 螺栓联接的画法

螺栓联接常用六角头螺栓、六角螺母和平垫圈装配，用于紧固经常拆卸的两个被联接零件，如图 6-16（a）所示；垫圈的作用是防止拧紧螺母时损伤被联接零件的表面，并使螺母的压力均匀分布到零件表面上；被联接零件必须加工出孔径（d_0）大于螺杆直径（d）的通孔（$d_0=1.1d$）。图 6-16（b）为螺栓联接的简化画法。

设计绘图时，先计算螺栓的公称长度 L，再查看螺栓标准中的 L 公称系列值，并将计算值圆整成最接近的有效标准值。

2. 双头螺柱联接的画法

双头螺柱联接常用双头螺柱、弹簧垫圈、六角螺母装配来紧固被联接零件，如图 6-17（a）所示，主要用于经常拆卸而被联接零件太厚或由于结构上的限制不宜用螺栓联接的场合，被联接零件中，有一个零件必须加工出相匹配的螺孔，其他的零件加工出通孔，弹簧垫圈主要起防松作用。

双头螺柱两端都有螺纹，一端必须全部旋入被联接零件的螺孔内，称为旋入端；另一端用以拧紧螺母，称为紧固端。旋入端长度 L_1 根据有螺孔的被联接件的材料确定：钢和青铜，$L_1=d$（GB/T 897—1988）；铸铁，$L_1=1.25d$（GB/T 898—1988）；材料强度在铸铁和铝之间，L_1= 1.5d（GB/T 899—1988）；铝 L_1=2d（GB/T 900—1988）。

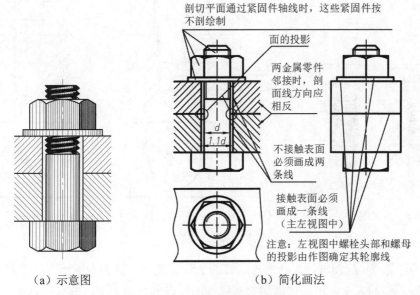

（a）示意图　　　　　　　　（b）简化画法

图6-16　螺栓联接的画法

画双头螺柱联接的装配图和画螺栓联接的装配图一样，应先计算出双头螺柱的公称长度 L，并查相关标准，取其标准长度，然后确定双头螺柱的标记。装配图的比例画法如图 6-17（b）所示。

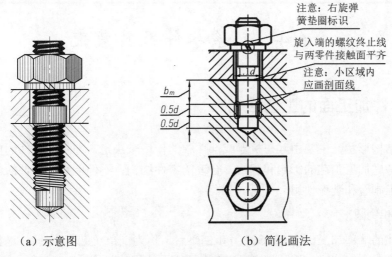

（a）示意图　　　　　　　　（b）简化画法

图6-17　双头螺柱联接的画法

3. 螺钉联接的画法

螺钉联接用于不经常拆卸，并且受力不大的装配联接。被联接零件中，有一个零件必须加工出螺孔，其他零件加工出通孔，如图 6-18（a）所示。

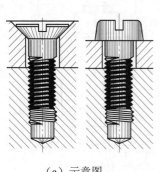

（a）示意图

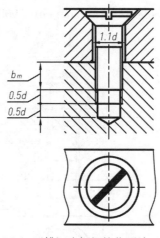

（b）开槽沉头螺钉简化画法

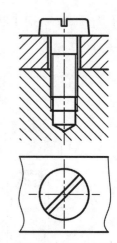

（c）开槽圆柱头螺钉简化画法

图6-18 螺钉联接的画法

画螺钉联接的装配图时，先计算出螺钉的公称长度 L，并查表取标准长度值。螺钉旋入螺孔的深度 L_1 的大小，也要根据加工有螺孔的零件的材料确定，然后确定螺钉的标记。要注意螺钉头部改锥槽的画法，在螺钉轴线所平行的投影面和螺钉轴线所垂直的投影面的两个视图之间是不符合投影关系的，在螺钉轴线所垂直的投影面的视图要倾斜 45°画出，以便于看图。如图 6-18（b）、（c）所示。如果图中槽口宽度小于 2 mm 时，螺钉槽口的投影也可以涂黑，如图 6-18（b）所示。

6.4　轴系零件及其装配

6.4.1　零件加工面的工艺结构

零件的结构形状，主要由其在机器或部件中的作用来决定，即保证零件的使用功能。其次，还要考虑加工工艺的影响和制约。合理的零件结构，不但能满足零件的使用要求，还能便于加工制造和装配使用。

1. 倒角和倒圆

在轴和孔的端部加工出 45°或 30°、60°的锥台，称为倒角（见图 6-19）。这种结构消除了零件表面上锋利的边缘，既保证加工安全，又便于装配。为了避免应力集中而产生裂纹，在轴肩处加工成圆角过渡的形式，称为倒圆。

2. 退刀槽和越程槽

在加工面的台肩处，常常预先加工出沟槽，以使刀具或砂轮能够加工至终点，且便于安全退出刀具，装配时可保证与相邻零件靠紧。这种结构称为退刀槽（见图 6-20）和越程槽（见图 6-21）。

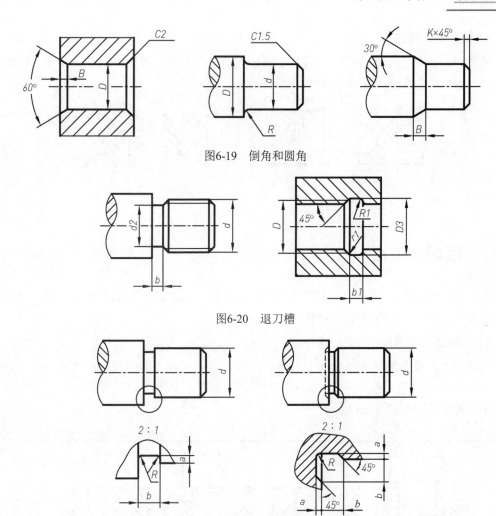

图6-19　倒角和圆角

图6-20　退刀槽

图6-21　越程槽

3. 凸台和凹坑

　　为了保证零件表面之间的良好接触，零件上凡与其他零件有接触的表面一般都要进行加工。但为了降低加工费用，尽量减少加工面，常在这些部位做出凸台，以便于单独加工凸台上的平面，如图 6-22（a）所示。有时直接在零件表面上加工出凹坑，也能达到同样的目的，如图 6-22（b）所示。

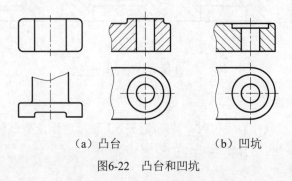

（a）凸台　　　　　（b）凹坑

图6-22　凸台和凹坑

4. 钻孔的合理结构

钻孔时，应尽量使钻头的轴线垂直于被钻孔的零件表面，否则，由于钻头受力不匀，容易将孔打偏，甚至折断钻头，如图 6-23 所示。

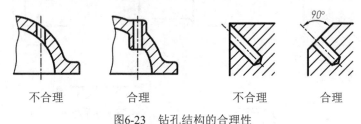

图6-23　钻孔结构的合理性

6.4.2　装配合理性

在设计和绘制装配图的过程中，考虑到保证零件装配时接触可靠、拆装方便，必须注意机器或部件的加工和装配的合理性。

1. 接触面的合理性

两零件在两个方向上的接触面的转角处不应做成直角或相同的圆角，通常，在接触面的转角处应做成倒角、退刀槽或不同大小的倒圆，如图 6-24 所示。两零件在同一方向上只应有一对接触面，如图 6-25 所示。

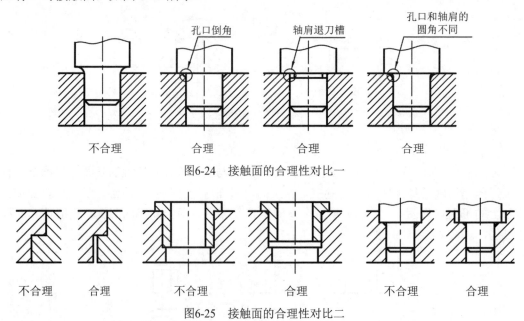

图6-24　接触面的合理性对比一

图6-25　接触面的合理性对比二

2. 零件拆装方便性

滚动轴承在以轴肩或孔肩定位时，其高度应小于轴承内圈或外圈的厚度，如图 6-26 所示；在可能的情况下，将销孔做成通孔，如图 6-27 所示。

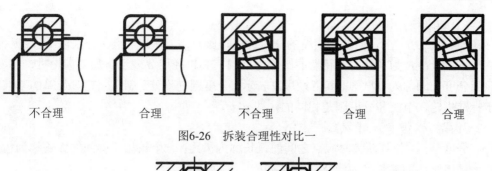

不合理　　　　合理　　　　不合理　　　　合理　　　　合理

图6-26　拆装合理性对比一

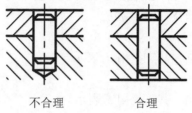

不合理　　　　合理

图6-27　拆装合理性对比二

6.4.3　圆柱齿轮及其啮合

齿轮是机械传动中广泛应用的零件，可用来传递动力，同时还能改变转速和旋转方向。齿轮的构形中，只有轮齿部分的结构和参数已经标准化，因此，属于常用件。如图 6-28 所示，根据不同的传动方式，齿轮可分为三类：圆柱齿轮（用于平行两轴之间的传动），圆锥齿轮（用于相交两轴之间的传动），蜗轮蜗杆（用于交叉两轴之间的传动）。

图6-28　齿轮传动

圆柱齿轮按其轮齿的方向又分为直齿、斜齿、人字齿等类型，下面仅介绍直齿圆柱齿轮。

1. 直齿圆柱齿轮标准结构参数

直齿圆柱齿轮标准结构参数如图 6-29 所示。

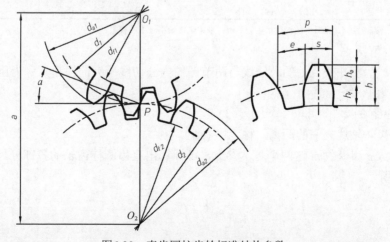

图6-29　直齿圆柱齿轮标准结构参数

1）节圆直径 d' 和分度圆直径 d

在连心线 O_1O_2 上，两啮合齿轮的一对齿廓接触点 p，称为节点。分别以 O_1、O_2 为圆心，以 O_1P、O_2P 为半径的两相切的圆称为节圆，其直径用 d' 表示。加工齿轮时，作为齿轮轮齿分度的圆称为分度圆，其直径用 d 表示。分度圆是设计、制造齿轮时计算的基准圆，对于标准齿轮，节圆和分度圆是相同的，即 $d'=d$。

2）齿距 p、齿厚 s、槽宽 e

在分度圆上，相邻两齿对应点之间的弧长称为齿距；一个轮齿齿廓间的弧长称为齿厚；一个齿槽齿廓间的弧长称为槽宽，$s=e=1/2p$。

3）齿顶圆直径 d_a

轮齿顶部的圆称为齿顶圆，其直径用 d_a 表示。

4）齿根圆直径 d_f

轮齿根部的圆称为齿根圆，其直径用 d_f 表示。

5）齿高 h、齿顶高 h_a、齿根高 h_f

齿顶圆与齿根圆的径向距离，称为齿高 h；齿顶圆与分度圆的径向距离，称为齿顶高 h_a；分度圆与齿根圆的径向距离，称为齿根高 h_f，$h=h_a+h_f$。

6）模数 m

若以 Z 表示齿轮的齿数，则分度圆周长 $=\pi d=zp$，即 $d=zp/\pi$。令 $p/\pi=m$，可得 $d=mz$。m 称为齿轮的模数。因为两啮合齿轮的齿距 p 必须相等，所以它们的模数 m 也必须相等。

模数 m 是计算齿轮各部分尺寸和加工齿轮的重要参数。由上面的讨论可以看出，模数的大小反映了齿轮轮齿尺寸的大小，即反映了齿轮承载能力。不同模数的齿轮要用不同模数的刀具来加工，为了便于设计和加工，减少齿轮刀具的数量，国家标准已规定了模数的系列，如表6-3所示。

表6-3 齿轮模数系列（GB/T 1357—2008）

第一系列	1	1.25	1.5	2	2.5	3	4	5	6	8	10	12
	16	20	25	32	40	50						
第二系列	1.75	2.25	2.75	(3.25)	3.5	(3.75)	4.5	5.5	(6.5)			
	7	9	(11)	14	18	22	28	(30)	36	45		

注：优先选用第一系列，括号内的模数尽可能不用；表中未摘录小于1的模数。

7）压力角 α

两相接触齿廓在节点处的公法线与两节圆的内公切线所夹的锐角，称为压力角。标准齿轮的压力角一般取 $20°$。

8）中心距 a

啮合两齿轮轴线之间的距离，称为中心距。

根据齿数 z 和模数 m 这两个基本参数，可计算出直齿圆柱齿轮的各部分尺寸，计算公式如表6-4所示。

表6-4 标准直齿圆柱齿轮各部分尺寸计算

名　　称	符　　号	计 算 公 式
齿顶高	h_a	$h_a=m$
齿根高	h_f	$h_f=1.25m$
齿高	h	$h=h_a+h_f=2.25m$
分度圆直径	d	$d=mz$
齿顶圆直径	d_a	$d_a=d+2h_a=m（z+2）$
齿根圆直径	d_f	$d_f=d-2h_f=m（z-2.5）$
中心距	a	$a=（d_1+d_2）/2=m（z_1+z_2）/2$

2. 圆柱齿轮的规定画法

齿轮的轮齿部分应采用 GB/T 4459.2—2003 中的规定画法绘制，其他部分则按真实投影绘制。

1）单个齿轮的画法

在齿轮的两个视图中，齿顶圆和齿根圆用粗实线绘制；分度圆和分度线用点画线绘制（分度线超出齿轮两端面轮廓 2～3 mm）；齿根圆和齿根线用细实线绘制，也可省略不画，如图 6-30（a）所示；采用剖视图，且剖切平面通过齿轮轴线时，轮齿一律按不剖处理，齿根线用粗实线绘制，如图 6-30（b）所示；斜齿圆柱齿轮和人字齿圆柱齿轮表示法，如图 6-30（c）所示。图 6-31 为标准直齿圆柱齿轮的零件图。

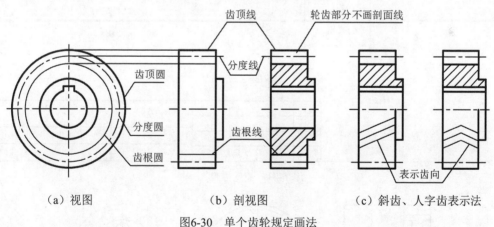

图6-30 单个齿轮规定画法

2）齿轮啮合的画法

在齿轮轴线所平行的投影面的视图中，采用剖视图，且剖切平面通过齿轮轴线时，将一个齿轮的轮齿用粗实线绘制，另一个齿轮的轮齿被遮挡部分（齿顶线）用虚线绘制；若采用视图，两齿轮的节圆线用粗实线绘制，轮齿的其他图线不画。在齿轮轴线所垂直的投影面的视图中，相切的两节圆用点画线绘制，齿顶圆用粗实线绘制，啮合区内的部分可省略，齿根圆可不画。如图 6-32 和图 6-33 所示。

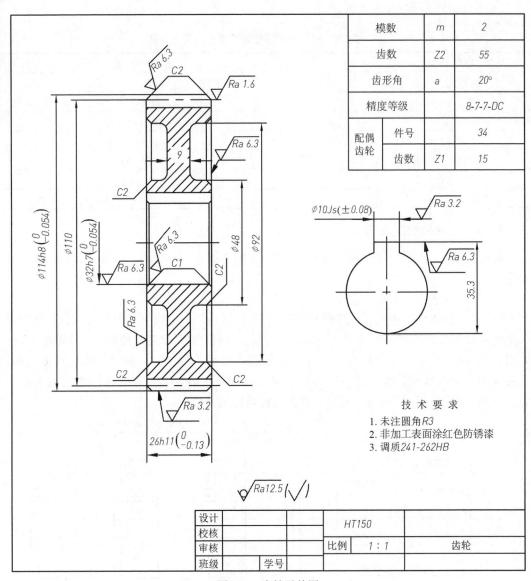

模数	m	2
齿数	$Z2$	55
齿形角	a	20°
精度等级		8-7-7-DC
配偶齿轮	件号	34
	齿数 $Z1$	15

技 术 要 求

1. 未注圆角 $R3$
2. 非加工表面涂红色防锈漆
3. 调质 241-$262HB$

设计			HT150	
校核				
审核			比例	$1:1$	齿轮
班级		学号		

图6-31 齿轮零件图

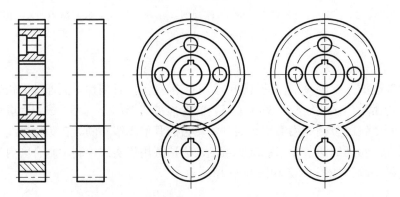

图6-32 齿轮啮合画法

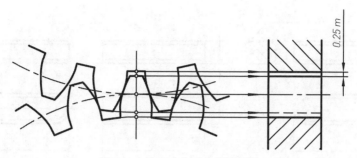

图6-33 轮齿啮合区的投影画法

6.4.4 键联接

键通常用来连接轴和装在轴上的传动零件（如齿轮、皮带轮等），使它们能够一起转动，起传递扭矩的作用。如图 6-34 所示为一种常见的键联接示例，在轴和轮孔内分别加工有键槽，其中的键，一部分在轴上的键槽内，另一部分在轮孔的键槽内，这样就限制了轴和轮之间的圆周方向相对转动。键的结构和参数已全部标准化，属于标准件。

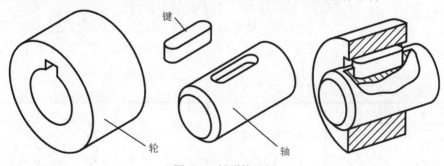

图6-34 键联接示例

1. 键的种类和标记

常用的键有普通平键、半圆键、钩头楔键等，如图 6-35 所示。普通平键有 A 型（圆头普通平键）、B 型（方头普通平键）、C 型（单圆头普通平键）三种形式，其结构形状如图 6-36 所示。各种键和键槽尺寸选取的依据为轴或孔的直径，具体使用可根据设计要求查找相应的国标选取。

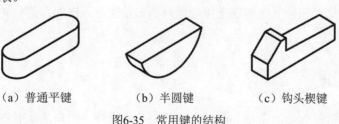

（a）普通平键　　　　　（b）半圆键　　　　　（c）钩头楔键

图6-35 常用键的结构

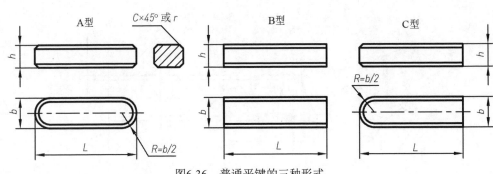

图6-36 普通平键的三种形式

普通平键的标记示例如下：

圆头普通平键，b=18 mm、h=11 mm、L=100 mm，其标记为

GB/T 1096—2003 键 18×11×100

方头普通平键，b=18 mm、h=11 mm、L=100 mm，其标记为

GB/T 1096—2003 键 B 18×11×100

单圆头普通平键，b=18 mm、h=11 mm、L=100 mm，其标记为

GB/T 1096—2003 键 C 18×11×100

图 6-37 为键槽的结构和尺寸注法，轴上键槽的深度应注槽底部至轴的另一轮廓线的距离，即 $d-t$；轮孔内键槽的深度应注槽顶部至孔的另一轮廓线的距离，即 $d+t_1$。

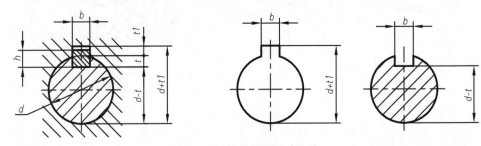

图6-37 键槽结构及尺寸注法

2. 键联接画法

图 6-38 为普通平键联接画法。为了表达键联接情况，通常在轴上采用局部剖视，键是标准件按不剖来画。键的两侧面为工作面，键宽 b 的公称尺寸与键槽宽相同，在断面图中只画一条线；键底部和轴上键槽底部接触也只画一条线，而键的顶部和轮孔键槽顶部有间隙应画两条线。

6.4.5 销联接

销主要用于零件之间的定位和联接，销也属于标准件。常用的销有圆柱销、圆锥销、开口销等，其结构如图 6-39 所示。

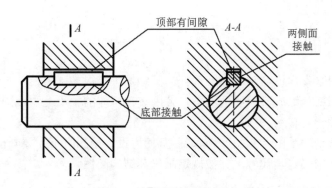

图6-38 普通平键联接画法

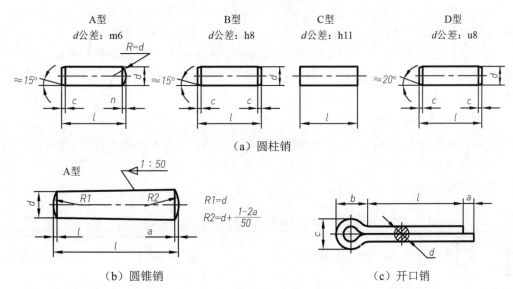

（a）圆柱销

（b）圆锥销 （c）开口销

图6-39 销的种类与结构形式

圆柱销的标记示例如下：

公称直径 d=8 mm、长度 l=30 mm、材料为 35 钢、热处理硬度 28～38HRC 表面氧化处理的 A 型圆柱销的标记应为

销 GB/T 119.1 8×30

需要说明的是，圆锥销的公称直径是指其小头直径，开口销的公称直径是指销孔的直径。

图 6-40 是销联接画法示例。在剖视图中，当剖切平面通过销的轴线时，规定销按不剖来画。

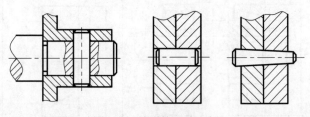

图6-40 销联接画法示例

6.4.6 滚动轴承

滚动轴承是用来支撑传动轴的标准部件，其结构种类很多，但通常由外圈、内圈、滚动体及保持架等四部分组成。一般情况下，外圈装在机体的轴承孔内，固定不动；内圈紧套在轴上，可随轴一起转动。

通常使用的滚动轴承由专业生产厂家制造，使用设计绘图时不需要画出其详细零件图，而需要根据设计要求确定其代号，并按规定画出其结构简图。

1. 常用滚动轴承的图示方法

滚动轴承在装配图中剖视表达时，有三种表示法：规定画法、特征画法和通用画法，其中后两种画法又称简化画法。滚动轴承的产品样本、产品图样、产品标准和产品说明书中一般采用规定画法；当需要形象地表示滚动轴承的结构特征时，采用特征画法；当不需要确切地表示滚动轴承的外形轮廓、承载特性和结构特征时，采用通用画法。常用滚动轴承的结构形式及图示方法如表6-5所示。

2. 滚动轴承的基本代号

滚动轴承的基本代号可以表示轴承的基本类型和结构尺寸，是轴承代号的核心。类型代号用阿拉伯数字（简称数字）或大写拉丁字母（简称字母）表示，尺寸系列代号和内径代号用数字表示。

表6-5 常用滚动轴承的结构型式及图示方法

名称、结构形式和标准号	规定画法及装配示例	特 征 画 法	通 用 画 法
深沟球轴承 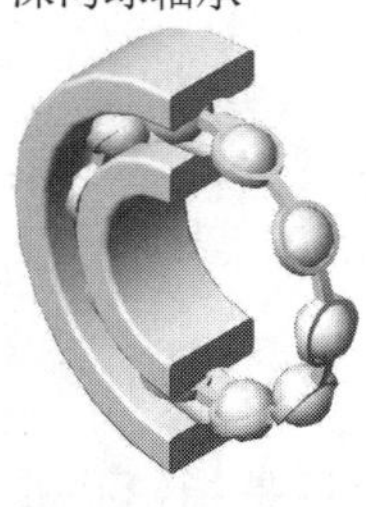 60000 GB/T 276—2013	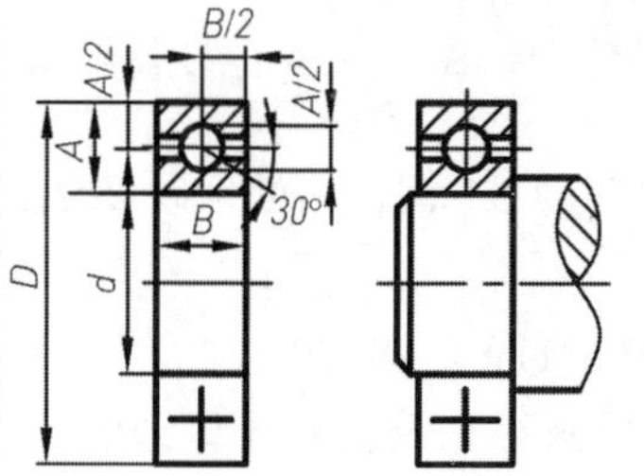	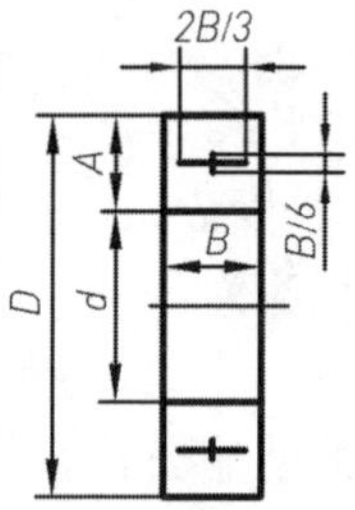	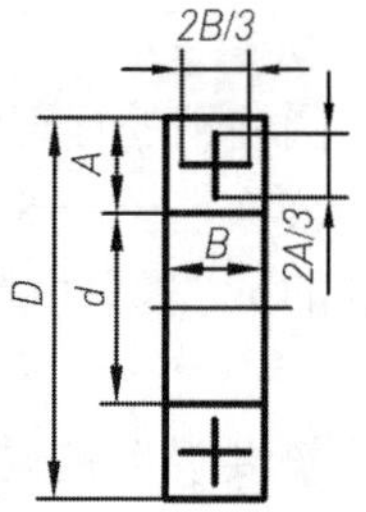
单列圆锥滚子轴承 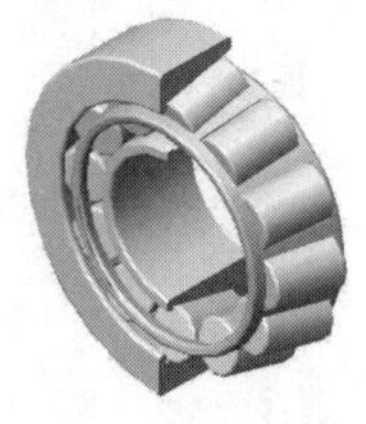 30000 GB/T 297—2015	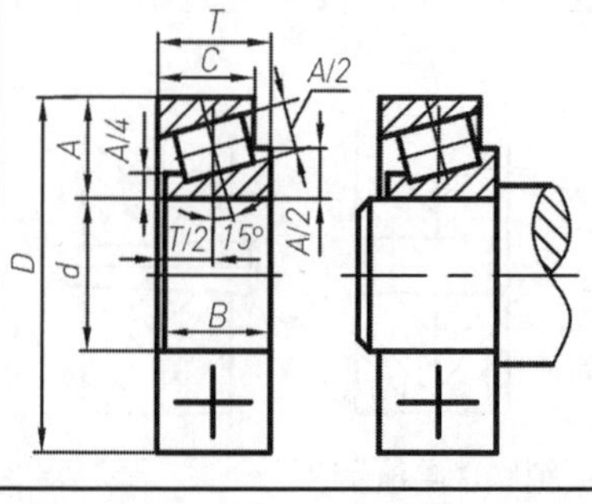	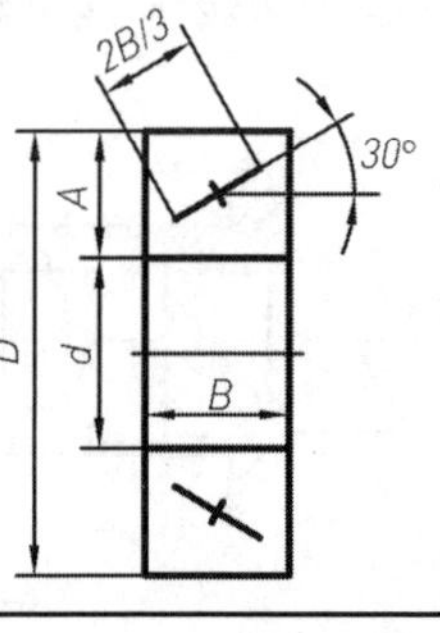	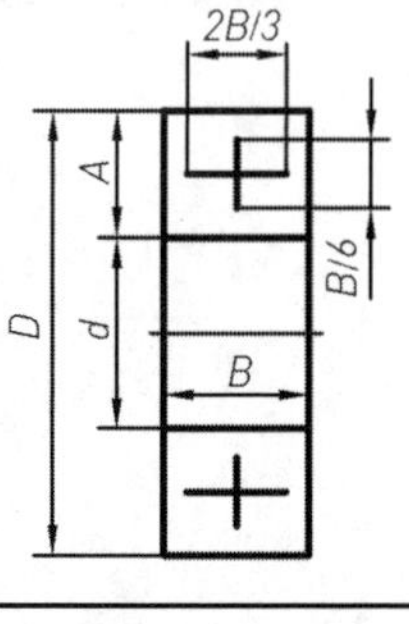

续表

名称、结构形式和标准号	规定画法及装配示例	特 征 画 法	通 用 画 法
单向推力球轴承 50000 GB/T 301—2015			

例如，轴承代号 6204 中，首位的 6 表示深沟球轴承（轴承类型）；第二位的 2 表示尺寸系列（02）；第三和第四位的 04 表示内径代号，表示轴承的公称内径 $d = 4 \times 5 = 20$。

需要说明的是，当轴承的公称内径等于 10、12、15、17 时，需要用内径代号 00、01、02、03 表示；当轴承的公称内径为 20～480（22、28、32 除外）时，内径代号用公称内径除以 5 的商数，以两位数的形式表示，即商数小于 10 时，商数前要加 0。

第7章 其他工程图样

7.1 电气制图基础

电气图是用来表达电气原理及电气件之间连接关系的图样。这类图有两种，即简图和视图。简图是由图形符号与连接线组成的图样，如系统图、框图及电原理图等；视图则是按正投影法绘制的图样，如印制板图等。前者表达设计原理，后者侧重指导装配。

7.1.1 常用电气图形符号

电气工程技术人员在设计电路时，必须用规定的符号绘制电路图，因此必须了解各种符号的意义和画法。常用电气图形符号见表 7-1。

表7-1 常用电气图形符号（摘自GB/T 4728.1—2018）

直流 交流	分支点	电感	变压器
电阻	可变电阻	电容	可变电容
极性电容	半导体二极管	半导体三极管	管壳
指示灯	天线	受话器	扬声器
熔断器	电池	电池组	开关
插座	插头	接地	接机壳

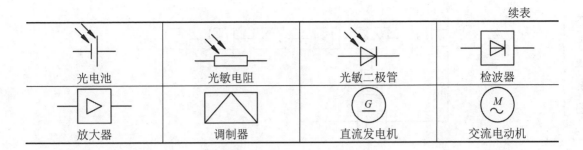

续表

光电池	光敏电阻	光敏二极管	检波器
放大器	调制器	直流发电机	交流电动机

7.1.2　电气图中常见简图的画法

1. 系统图和框图

系统图和框图是用线框、连线及文字构成的简图，用来概略表示系统或分系统的基本组成、功能关系及其主要特征。它们是对详细简图的概括，在技术交流以及产品的调试、使用和维修时提供参考资料。系统图和框图原则上并无区别，在实际使用中，系统图多用于系统或成套设备，而框图则用于分系统或设备。

通常，电气系统图是一套电气图样的首页图，占有非常重要的地位。如图 7-1 所示为一发、供用电系统图。

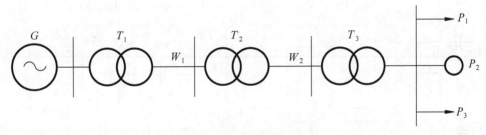

图7-1　发、供用电系统图

系统图、框图采用符号（如表 7-1 所示）或带有注释的框绘制。框内的注释可以采用符号、文字或同时采用符号和文字，如图 7-2 所示。

框图的布局要求清晰、匀称，应根据各组成部分的作用、功能及相互连接次序，自左至右按行排列或自上而下按列布置。辅助电路应位于主电路的一侧。框与框之间用实线连接，必要时可在连接线上用箭头表示过程或信息的流向。

2. 电原理图

电原理图又称电路图，是采用图形符号并按工作顺序排列，详细表示电路的原理、各基本组成部分及连接关系的一种简图。其主要用途是详细理解设备及其组成部分的作用原理（电原理），用于电路的设计、研制和产品的制造、安装、维修。如图 7-3 所示为锁相型倍频器电原理图。

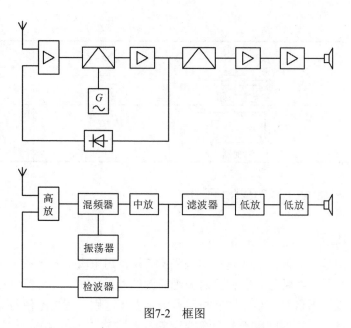

图7-2 框图

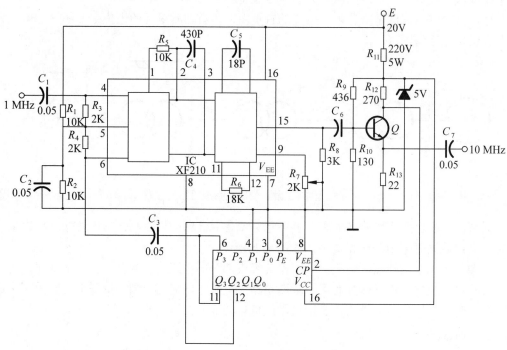

图7-3 锁相型倍频器电原理图

绘制电路图要求各元器件布局合理、条理清楚，并遵守如下电气制图国家标准规定。

（1）表示元器件的图形符号，应按照 GB/T 4728.1—2018《电气图用图形符号》的有关规定绘制。

（2）图中的导线应画成水平或竖直线，且允许直角弯折。当导线连接时，一般应在相交处画一黑点，若相交处不连接则不画黑点。

（3）导线较长时，可采用中断线画法，但要作标记，指明去向。

7.1.3 印制板图

印制板俗称印刷电路板，是用照相的方法将电路图案复印在覆铜板上，然后进行蚀制，腐蚀掉线路外的铜箔，留下有线图形部分的铜箔，作为导线和安装元件的连接点。在印制板上装入电气元件并经焊接、涂覆，就形成了印制装配板。印制电路技术的产生和采用，增强了电气设备的可靠性、抗冲击性和互换性，使其易于标准化、自动化的批量生产。

印制板图分为印制板零件图和印制板装配图，并采用正投影法和符号法结合表达。

1. 印制板零件图

印制板零件图包括结构要素图、导电图形图和标记符号图。

1）印制板结构要素图

印制板结构要素图是表示印制板的形状和印制板上的安装孔、引线孔等结构要素的图样，如图7-4所示。

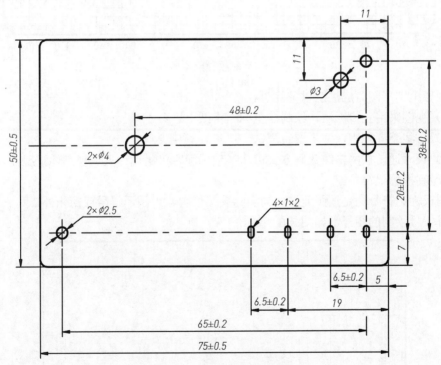

图7-4 印制板结构要素图

这种图的内容一般应包括：

（1）印制板外形的视图；

（2）印制板外形尺寸、插头尺寸、有配合要求的孔、孔距尺寸及公差要求等。

2）印制板导电图形图

印制板导电图形图是表示印制导线、连接盘、印制元件间相对位置的图样，如图7-5所示。

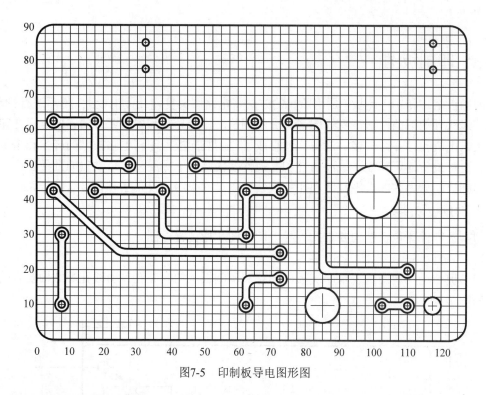

图7-5 印制板导电图形图

绘制导电图形图时应注意以下几点。

（1）视图采用正投影法，绘制在坐标网格纸上。

（2）布线整齐规则，便于安装测试，拐角处避免尖角。

（3）尺寸通常按网格线数码方式标注。数码间距可由设计人员视具体情况而定。

3）印制板标记符号图

印制板标记符号图是按照元器件的实际装接位置，用图形符号或简化外形和它在电路中的项目代号绘制的图样，如图 7-6 所示。

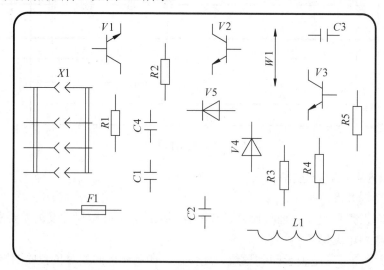

图7-6 印制板标记符号图

2. 印制板装配图

印制板装配图是表示各种元器件、结构件等与印制板连接关系的图样。下面介绍印制板装配图的绘制要点。

（1）印制板只有一面装有元器件和结构件时，通常只画一个视图，并且以装元器件面为主视图。

印制板两面皆装有元器件时，一般应画两个视图，以元器件和结构件较多的一面为主视图，较少的一面为后视图；当一个视图能表达清楚时，也可只画一个视图，此时应将反面的元器件和结构件用虚线表示；当元器件用图形符号表示时，引线用虚线表示，如图 7-7 所示。

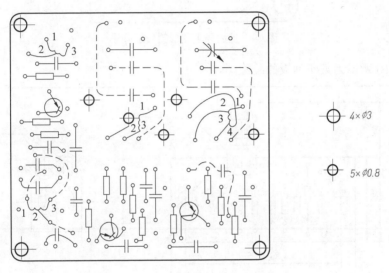

图7-7 反面元器件的表示方法

（2）重复出现的单元图形，可只画其中一个单元的图形，其余单元可以简化绘制，如图 7-8 所示。

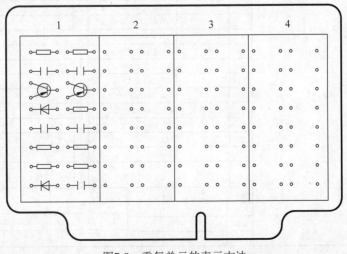

图7-8 重复单元的表示方法

（3）印制板装配图中一般不画出导电图形，如需表示反面的导电图形，可用虚线或色线画出，如图7-9所示。

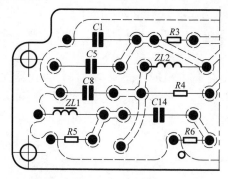

图7-9　反面导电图形的表示方法

如图7-10所示为某印制板的装配图。

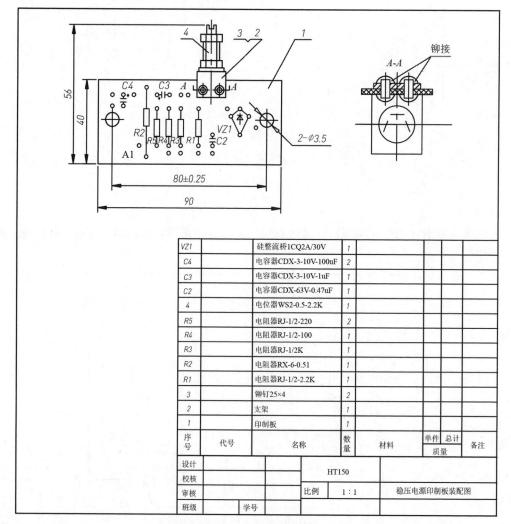

VZ1		硅整流桥1CQ2A/30V	1				
C4		电容器CDX-3-10V-100uF	2				
C3		电容器CDX-3-10V-1uF	1				
C2		电容器CDX-63V-0.47uF	1				
4		电位器WS2-0.5-2.2K	1				
R5		电阻器RJ-1/2-220	2				
R4		电阻器RJ-1/2-100	1				
R3		电阻器RJ-1/2K	1				
R2		电阻器RX-6-0.51	1				
R1		电阻器RJ-1/2-2.2K	1				
3		铆钉25×4	2				
2		支架	1				
1		印制板	1				
序号	代号	名称	数量	材料	单件　总计 质量		备注
设计			HT150				
校核							
审核		比例	1:1		稳压电源印制板装配图		
班级		学号					

图7-10　印制板装配图

7.2　化工制图基础

化工图通常可分为两类，即化工设备图和化工工艺图。前者是表示化工设备的形状、结构、大小、性能及制造安装等技术要求的图样；后者则是表示化工生产、设备布置、管道敷设及其相互联系的图样。本节将介绍有关化工工艺图的内容。

7.2.1　工艺流程图

用于表达轻化工生产过程和工艺物料走向的图样称为工艺流程图。按使用要求、表达重点及深度的不同，工艺流程图又分为方案流程图和施工流程图。

1. 常用图形符号

化工技术人员在设计工艺流程时，必须用规定的简图符号绘制图样，因此了解并正确使用简图符号是每个化工技术人员必须掌握的基本技能。如表 7-2 所示为设备类别代号；如表 7-3 所示为仪表安装位置图形符号；如表 7-4 所示为管子、管件、阀门及管道附件图例。

表7-2　设备类别代号（摘自 HG/T20519—2009）

设备类别	泵	火炬、烟囱	容器	其他机械	其他设备	计量设备
代　号	P	S	V	M	X	W
设备类别	塔	工业炉	换热器	反应器	起重设备	压缩机
代　号	T	F	E	R	L	C

表7-3　仪表安装位置的图形符号（摘自HG/T 20505—2000）

序号	安装位置	图形符号	备注	序号	安装位置	图形符号	备注
1	就地安装仪表	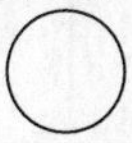 ○		3	就地仪表盘面安装仪表		
		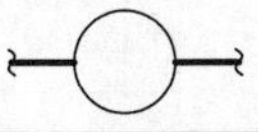	嵌在管道中	4	集中仪表盘后安装仪表	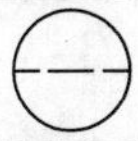	
2	集中仪表盘面安装仪表	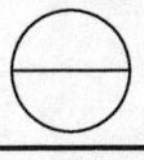		5	就地仪表盘面后安装仪表	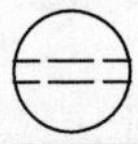	

表7-4　管道及仪表流程图中管子、管件、阀门及管道附件图例

（摘自HG/T20519—2009）

名　　称	图　　例	名　　称	图　　例
主要物料管道	▬▬▬	电伴热管道	══ ─ ══
辅助物料及公共系统管道	───	柔性管	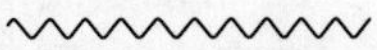 ∿∿∿

续表

名　称	图　例	名　称	图　例
原有管道		喷淋管	
可拆短管		放空管	
蒸汽伴热管道		敞口漏斗	
异径管		管道隔热层	
闸阀		夹套管	
截止阀		旋塞阀	
球阀		隔膜阀	
翅片管		减压阀	
文氏管		节流阀	

2. 工艺方案流程图

工艺方案流程图是在初步设计阶段用于表达生产过程概况和物料走向概况的图样，它是一种示意性的展开图，该图既说明了工艺流程的顺序，又说明了生产过程及所需的设备。

工艺方案流程图为设计和绘制工艺施工流程图提供了依据。

如图 7-11 所示为合成氨方案流程图。

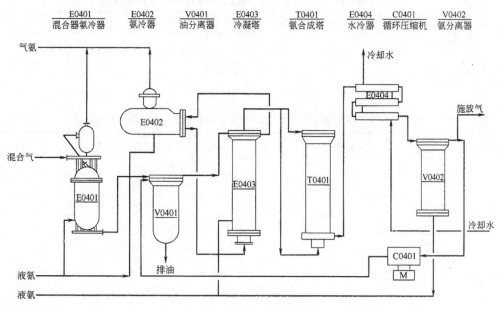

图7-11　合成氨方案流程图

工艺方案流程图的绘制应符合如下规定：

1）设备的画法

（1）用细实线从左至右按流程顺序依次画出各设备的轮廓示意图，且应布局匀称、清晰。一般不按比例绘制，但应保持诸设备的相对大小和相对高低位置。

（2）设备上重要管接口的位置，应大致符合实际情况。

（3）两个或多个作用相同的设备，可只画一套；备用设备可省略不画。

2）流程线的画法

（1）主要物料的流程线用粗实线绘制；辅助物料的流程线用中实线绘制。线型如表 7-4 所示。

（2）流程线应画成水平或竖直线，且允许直角弯折。

（3）当两流程线交汇时，应将次要流程线或顺序在后的流程线断开绘制。

（4）在流程线上，用箭头指示物料走向。

3）标注

（1）在流程图的上方或下方靠近设备示意图的位置，注写设备的位号和名称，且要排成一行。

（2）设备位号和名称按分式形式注写，位号在上，名称在下。位号中的设备类别代号如表 7-2 所示。

（3）在流程线起讫处的上方，用文字说明介质的来源、去向。

3. 施工流程图

施工流程图又称管道及仪表流程图，是在工艺方案流程图的基础上绘制的，是内容更为详细的工艺流程图。这种流程图要表示出所有相关的设备、仪表、管路及阀门等，它是设备布置和管路布置的原始依据，是施工的参考资料和生产操作的指导性技术文件。

如图 7-12 所示为合成氨施工流程图。

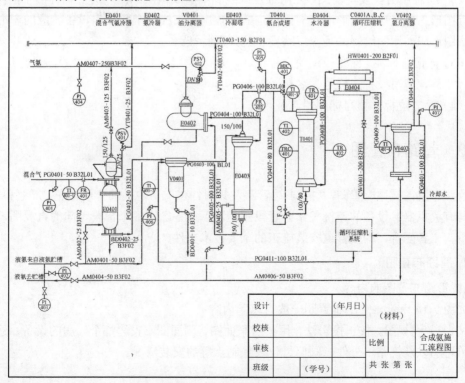

图7-12　合成氨施工流程图

7.2.2 设备布置图

设备布置图是表达车间或工段内外的设备之间、设备与建筑物之间相对位置的图样，它能直接指导设备安装，是进行管路布置设计、绘制管路布置图的依据。

如图 7-13 所示为某设备的布置图。

1. 设备布置图的内容

（1）一组视图，包括平面图和剖面图，用于表达厂房建筑的基本结构及设备在其内外的布置情况。

（2）尺寸及标注，用于注写与设备布置有关的尺寸及建筑定位轴线编号、设备的位号及名称等。

（3）方位标，表示设备安装方位基准的图标，通常画在图样的右上角。

（4）标题栏，用于填写图名、图号、比例及责任者等。

2. 设备布置图的画法

（1）确定表达方案。若设备在厂房中按多层布置，则应为每层厂房绘制一个平面图，各层平面图应按层次有序放置。剖面图的数量应以能完全表达清楚设备与厂房在高度方向上的位置为准。

（2）绘制厂房及设备视图。先用细点画线和细实线依次画出厂房及构件的平面图、剖面图等图形，再在这些图形内外根据规定的位置用粗实线逐个填画出设备轮廓的图形。设备轮廓图形应按比例绘制，且应反映设备的外形特征。

（3）标记与标注。标注视图关系标记、厂房的轴线编号、轴线尺寸及设备的定位尺寸、标高尺寸等，填写设备的位号、名称。

（4）画方位标，填写标题栏。

7.2.3 管路布置图

管路布置图又称配管图，主要表达管路及其附件在厂房内外的空间位置、尺寸和规格，以及与有关机器、设备的连接关系。管段图是表示设备之间各个管段走向的直观图，也称空视图。二者配合，构成管道安装施工的重要技术文件。

1. 管路布置图

1）管路布置图的内容

如图 7-14 所示，管路布置图一般有以下内容：

（1）一组视图。按正投影法，用一组平面图、剖面图，表达整个厂房的设备、建筑物的简单轮廓以及管路、管件、阀门、仪表控制点等的安装情况。

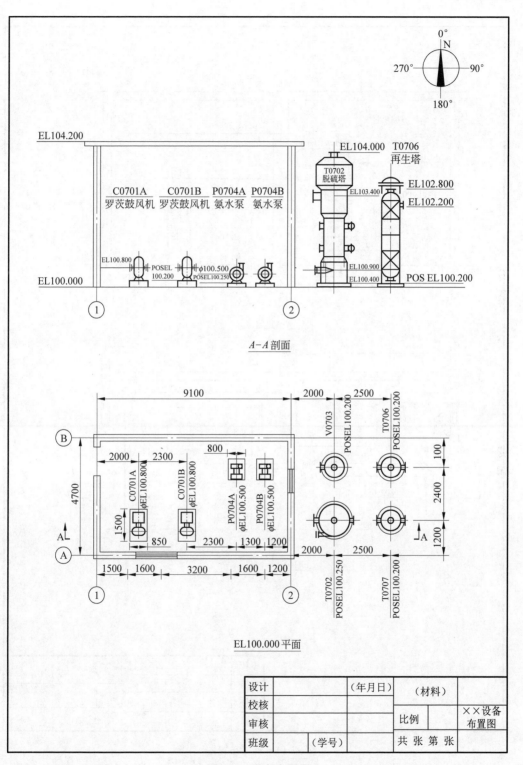

图7-13 设备布置图

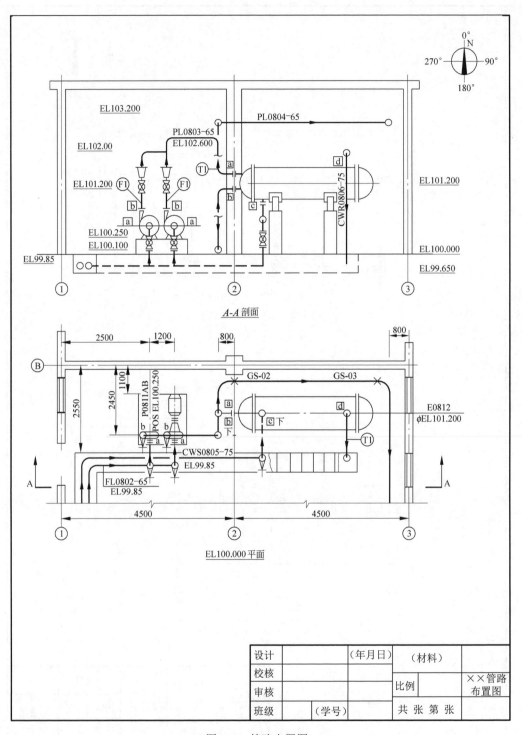

图7-14　管路布置图

（2）尺寸及标注。用于注出管路和部分管件、阀门、控制点等的平面位置尺寸和标高，对建筑物轴线的编号、设备位号、管段序号、控制点代号等进行标注。

（3）方位标，表示管路安装方位基准的图标，通常画在图样的右上角。

（4）标题栏，用于写图名、图号、比例及责任者。

2）管路布置图的画法

在管路布置图中，建筑物和设备轮廓用细实线画出，管路则用粗实线画出，并用箭头指示物料的流动方向。此外，还应符合如下规定。

（1）管道的表示法。

公称直径（DN）大于或等于 400 mm（或 16 in）的管道，用双线表示；小于或等于 350 mm（或 14 in）的管道，用单线表示。当大直径的管道不多时，公称直径（DN）大于或等于 250 mm（或 10 in）的管道用双线表示，小于或等于 200 mm（或 8 in）的管道用单线表示，如图 7-15 所示。

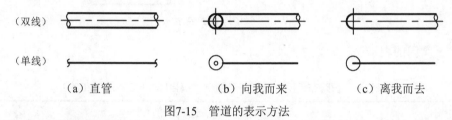

（a）直管　　　　　　　（b）向我而来　　　　　　（c）离我而去

图7-15　管道的表示方法

（2）管道弯折的表示法。

当管道需要转折以改变走向时，可按图 7-16 方式绘制。

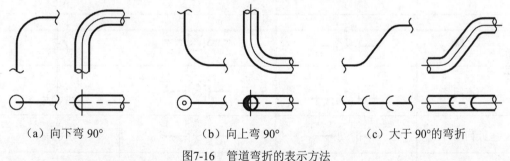

（a）向下弯90°　　　　　（b）向上弯90°　　　　　（c）大于90°的弯折

图7-16　管道弯折的表示方法

（3）管道交叉的表示法。

当上下或前后两条管道交叉而使其投影相交时，可按如图 7-17 所示的方式进行绘制。图 7-17（a）是按投射方向将下（或后）方被遮管道的投影在交接处断开，断开处不画断裂符号；图 7-17（b）是将上（或前）方的管道在交接处断开，并在断开处画出断裂符号。

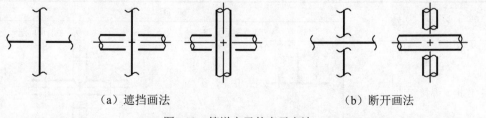

（a）遮挡画法　　　　　　　　　　（b）断开画法

图7-17　管道交叉的表示方法

（4）管道连接的表示法。

管道的不同连接方式，一般不在图中表示。如有特殊需要，可按图 7-18 所示的形式进行绘制。

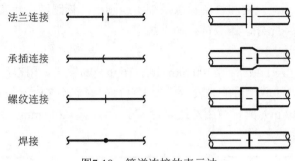

图7-18　管道连接的表示法

（5）阀门的表示法，如表 7-5 所示。

表7-5　管路布置图中阀门符号图例（摘自HG/T 20519—2009）

名　　称	图　　例		
	主　视　图	俯　视　图	左　视　图
闸阀			
截止阀			
节流阀			
止回阀			
球阀			

（6）管件的表示法　如表 7-6 所示。

表7-6　管路布置图中管件符号图例（摘自HG/T 20519—2009）

名　　称	图　　例	
	单　线　画　法	双　线　画　法
法兰连接、焊接三通		

续表

名　　称	图　　例	
	单 线 画 法	双 线 画 法
焊接、法兰连接弯头		
同心、偏心法兰连接异径管		

2. 管段图

管段图是按空视方式绘制，用来表示管路系统中各段管道的空间走向和管路上所附管件、阀件及仪表控制点等安装方位的直观图，如图 7-19 所示。

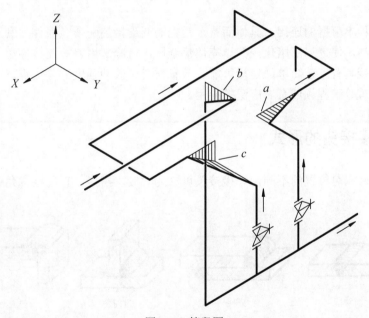

图7-19　管段图

由于管段图能直观、清晰地反映管路布置的设计和施工环节，易于识读，还可发现在设计过程中可能出现的差错，避免在图样上出现不易发现的管道干涉等情况，有利于管道的预制和加快安装施工进度。利用计算机绘图，绘制区域较大的管段图，可以代替模型设计。管段图是设备和管路布置设计的重要方式，也是管路布置设计发展的趋势。

管道用粗实线绘制，阀门及各种管件（弯头、三通除外）一律用细实线绘制；弯头可以不画成圆弧；当交叉管道的投影相交时，在交接处，被遮管道的投影应断开；沿管道画箭头以指示物料的流向。其他画法同管道布置图。

当管段为水平斜置管时，需要画出与 Y 轴平行的细实线，如图 7-19 中 a 处；当管段为正平或侧平斜置管时，需要画出与 Z 轴平行的细实线，如图 7-19 中 b 处；当管道为一般斜置管时，应同时画出与 Y 轴和 Z 轴平行的细实线，如图 7-19 中 c 处。

此外，斜置管还可以用长方形或长方体表示，如图 7-20 所示。

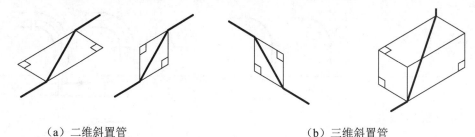

（a）二维斜置管　　　　　　　　　　（b）三维斜置管

图7-20　斜置管的直观表示方法

7.3　焊　接　图

焊接是一种不可拆的连接。具体而言，是把需要连接的两个金属件，利用电弧或火焰在其连接处加热，使之局部熔化，并填充熔化金属，待冷却后将被连接件熔合并连接为一体的过程。焊接具有工艺简单、连接可靠、节省材料、劳动强度低等优点，故在机械、化工、造船及建筑等工程领域有着广泛的应用。

7.3.1　焊接接头的形式

按被连接件相对位置的不同，焊接接头可分为对接、搭接、T 型接、角接等形式，如图 7-21 所示。

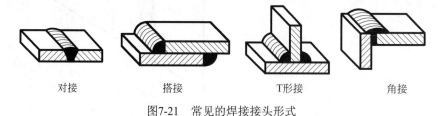

对接　　　　　　　搭接　　　　　　T形接　　　　　　角接

图7-21　常见的焊接接头形式

7.3.2　焊缝代号及其标注方法

在焊接过程中，被连接件的熔合连接处称为焊缝。在图样中表达焊接件时，一般需要将焊缝的形式、尺寸表达清楚，有时还要说明焊接的方法和具体要求，详细内容可查阅有关的国家标准。

焊缝代号由基本符号、辅助符号、引出线和焊缝尺寸符号等组成，它是施焊的主要依据，如图 7-22 所示。

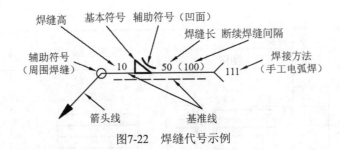

图7-22 焊缝代号示例

基本符号表示焊缝横断面的形状，辅助符号表示对焊缝的附加要求。引出线分为箭头线、基准线两部分，后者与图样的底边平行（或垂直），通常由一条细实线及一条虚线组成，虚线可平行地画在实线的任意一侧。

表 7-7 列举了几种焊缝代号的标注方法，供参考。

表7-7 焊缝代号及其标注方法举例

符号类别	符号种类			标注方法举例	说明
	名称	符号	图例		
基本符号	Ⅰ型焊缝	‖			① 焊缝外表面在箭头一侧时符号注在实线侧；否则注在虚线侧
	V型焊缝	∨			② 单面角焊符号为 ◢ 双面角焊符号为 ◿
	角焊缝	◢			
辅助符号	平面符号	—			焊缝表面平齐（一般须机械加工）
	三面焊接符号	⊏			三面施焊
	周围焊缝符号	○			环绕工件周围焊接
	现场施工符号	▶			现场施焊
焊缝尺寸符号	板材厚度	t			需要时，可注在零件图或装配图上
	坡口角度	α			
	坡口高度	H			
	对接间隙	b			

续表

符号类别	符号种类			标注方法举例	说明
	名称	符号	图例		
焊缝尺寸符号	焊角高度	K		K▷ n×l (e)	断续角焊缝
	焊缝间隙	e			
	焊缝长度	l			
	相同焊缝数量符号	n			

7.3.3　焊接件图样

焊接件图样是焊接施工所使用的图样。它不仅要把焊接件的形状、尺寸以及一般的技术要求表达清楚，同时也要把与焊接有关的内容表达清楚。按焊接件复杂程度的不同，相应图样可采用整体式或分件式表达方法。

1．整体式

整体式焊接图样不仅要表达焊件的装配、焊接要求，还要表达每一焊件的形状、大小，以及其他技术要求；除了较复杂的焊件和特殊要求的焊件外，不用再另外绘制焊件图。整体式焊接图样表达集中，出图快，适用于修配和小批量生产。

如图 7-23 所示为一个法兰盘的整体式焊接件图样。

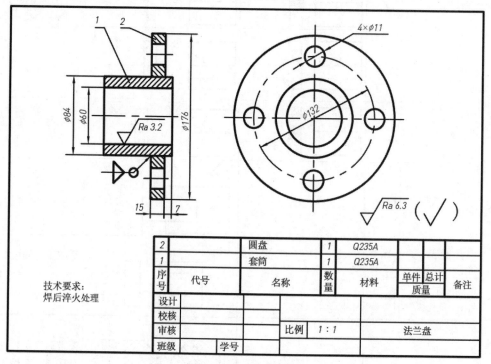

图7-23　整体式焊接图

2. 分件式

分件式焊接图样采用焊接图与零件图共同表达的方法。在焊接图中侧重表达装配关系和焊接要求，在零件图中着重表达各零件的结构和形状。分件式焊接图样重点突出，图形清晰，便于读图，适于结构比较复杂的焊接件或大批量生产。

如图 7-24 所示为一个支架的分件式焊接图，相应的零件图未给出。

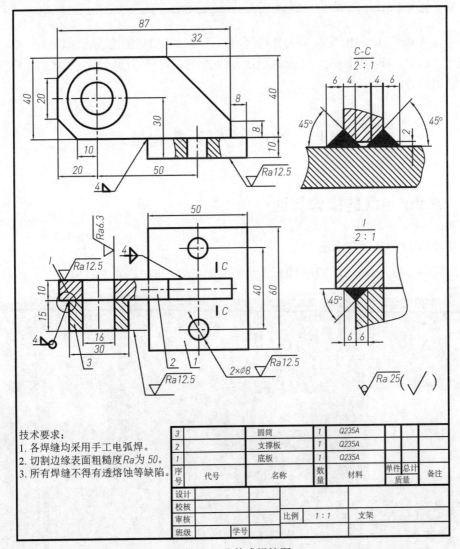

3		圆筒	1	Q235A			
2		支撑板	1	Q235A			
1		底板	1	Q235A			
序号	代号	名称	数量	材料	单件	总计	备注
					质量		
设计							
校核			比例	1:1	支架		
审核							
班级		学号					

技术要求：
1. 各焊缝均采用手工电弧焊。
2. 切割边缘表面粗糙度 Ra 为 50。
3. 所有焊缝不得有透熔蚀等缺陷。

图7-24　分件式焊接图

第8章　计算机绘图基础

本章以 AutoCAD 2016 中文版为软件环境，介绍二维图形的绘制方法，包括 AutoCAD 基础知识、AutoCAD 基本操作、AutoCAD 辅助绘图工具和图形属性、图样的注释和平面图形绘制实例等内容。

8.1　AutoCAD 基础知识

8.1.1　AutoCAD 的操作界面

1. AutoCAD 的启动与退出

双击桌面上的 AutoCAD 2016 图标，启动 AutoCAD 2016，如图 8-1 所示。

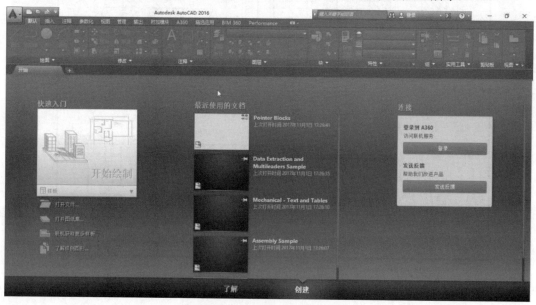

图8-1　AutoCAD 2016登录界面

图 8-1 中的界面被称为新选项卡页面。启动程序，打开新选项卡（+）或关闭上一个图形时，将显示新选项卡。新选项卡为用户提供了便捷的绘图入门功能介绍。默认打开的是【创建】页面。

2. 用户界面

AutoCAD 2016 提供了【二维草图与注释】【三维建模】和【AutoCAD 经典】三种工作空间模式，用户在工作状态下可随时切换工作空间模式。

默认状态下，打开的是【二维草图与注释】工作空间模式。其工作界面主要有菜单浏览、快速访问工具栏、信息搜索中心、菜单栏、功能区、文件选项卡、绘图区、命令行、状态栏等，如图 8-2 所示。

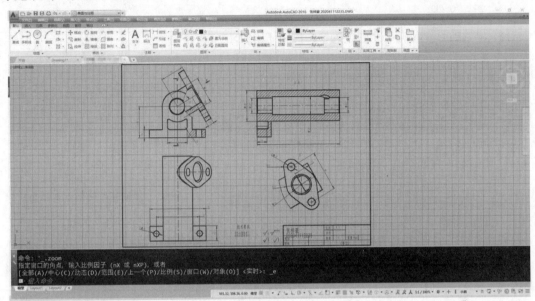

图8-2 AutoCAD 2016用户界面

8.1.2 命令的输入方式

AutoCAD 的命令必须在"命令:"状态下输入。

其他状态，除非是透明命令可以执行的，否则会出错。透明命令是指在命令前加"'"后，可以在其他命令执行过程中嵌入执行的命令。此命令完成后仍回到原来命令的状态，如'ZOOM、'PAN 和'CAL 等。

（1）键盘输入：直接从键盘中输入 AutoCAD 命令，然后按空格键或 Enter 键。注意，在输入字符串时只能按 Enter 键。输入的命令用大写或小写均可。建议键盘输入用别名，这样更快捷。

（2）菜单输入：单击菜单名，在弹出的下拉菜单中选择所需命令。

（3）图标输入：鼠标移至某图标，会自动显示图标名称，单击该图标。

（4）重复输入：在出现提示符"命令:"时按 Enter 键或空格键，可重复上一个命令；也可单击鼠标右键，在弹出的快捷菜单中选择"重复××"命令。这里，××为上一个命令。

（5）终止当前命令：按下 Esc 键，可终止或退出当前命令；连续按两下，可进入待命状态。

（6）取消上一个命令：输入"U"命令，或单击工具栏上的↩图标，可取消上一次执行的命令。

（7）命令重做：输入"REDO"，或单击工具栏上的↪图标，可重做被取消的命令。

8.1.3 文件的操作

1. 新建文件

将 STARTUP 系统变量设置为 1，再将 FILEDIA 系统变量设置为 1。单击快速访问工具栏中的【新建】按钮▭，打开【创建新图形】对话框，如图 8-3 所示。

💡 提示：如果不将 STARTUP 系统变量设置为 1，AutoCAD 图形文件默认的创建方式是【选择样板】。

动手操作——从草图开始

① 在快速访问工具栏中单击【新建】按钮▭，打开【创建新图形】对话框。

图8-3 "创建新图形"对话框

② 激活对话框中的【从草图开始】按钮▯，并使用默认的公制设置。

③ 单击【确定】按钮，创建 AutoCAD 文件，并进入 AutoCAD 工作空间，如图 8-3 所示。

动手操作——使用样板

① 在【创建新图形】对话框中单击【使用样板】按钮，显示【选择样板】文件列表。

② 图形样板文件包含标准设置。可从提供的样板文件中的选择一个，或者创建自定义样板文件。图形样板文件扩展名为".dwt"。

③ 创建使用相同惯例和默认设置的多个图形时，通过创建或自定义样板文件，而不是每次启动时都指定惯例和默认设置，可以节省很多时间。通常存储在样板文件中的惯例和设置包括：

❖ 单位类型和精度。
❖ 标题栏、边框和徽标。
❖ 图层名。
❖ 捕捉、栅格和正交设置。
❖ 栅格界限。
❖ 标注样式。
❖ 文字样式。
❖ 线型。

💡 提示：默认情况下，图形样板文件存储在安装目录下的 acadm\template 文件夹中，以便查找和访问。

④ 单击【创建新图形】对话框中的【确定】按钮，创建新的 AutoCAD 文件，并进入 AutoCAD 工作空间模式中。

2. 打开文件

当用户需要查看、使用和编辑已经存盘的图形时，需要使用【打开】命令。

执行【打开】命令的方法主要有以下几种。

（1）在菜单栏中执行【文件】/【打开】命令；

（2）在快速访问工具栏中单击【打开】按钮；

（3）单击【菜单栏】，执行【打开】命令；

（4）在命令行中输入 Open，然后按 Enter 键；

（5）按 Ctrl+O 组合键。

动手操作——常规打开方法

① 激活【打开】命令，将打开【选择文件】对话框；

② 在【选择文件】对话框中选择需要打开的图形文件，如图 8-4 所示；

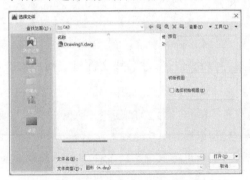

图8-4　"选择文件"对话框

③ 单击【打开】按钮，即可将此文件打开，如图 8-5 所示。

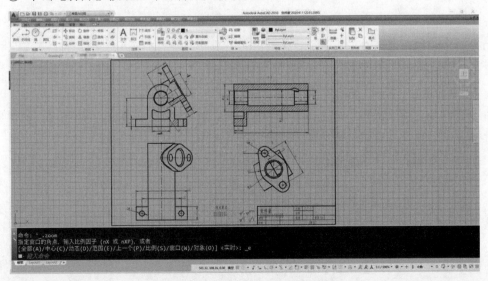

图8-5　打开的AutoCAD文件界面

3. 保存文件

【保存】命令可将绘制的图形以文件形式存盘，以方便后续查看、使用、修改编辑等。【保存】命令按照原路径保存文件，将原文件覆盖，储存新的设计进度数据和信息。

执行【保存】命令主要有以下几种方式：

（1）执行【文件】/【保存】命令；

（2）在快速访问工具栏中单击【保存】按钮 ；

（3）单击【菜单栏】，执行【保存】命令；

（4）在命令行中输入 QSAVE，然后按 Enter 键；

（5）按 Ctrl+S 组合键。

动手操作——保存文件

① 激活【保存】命令。

② 打开【图形另存为】对话框，如图所示。

> 提示：首次执行【保存】命令，将会以"图形另存为"方式进行另存。随后完成图形绘制，再继续执行此命令，将不会再次打开【图形另存为】对话框，而是默认保存在设置的文件路径下。

③ 在此对话框内设置存盘路径、文件名和文件格式后，单击【保存】按钮，即可将当前文件存盘。

> 提示：默认的存储类型为"AutoCAD 2016 图形（*.dwg）"，使用此种格式将文件存盘后，只能被 AutoCAD 2016 及其以后的版本所打开，如果用户需要在 AutoCAD 早期版本中打开此文件，必须使用为低版本的文件格式进行存盘。

8.2　AutoCAD 基本操作

8.2.1　绘图的操作

1. 绘制直线

直线是工程制图中最简单也是最常用的图形对象，指定起点及终点的坐标，即可绘制一条直线。

执行【直线】命令的方式有以下几种。

（1）在菜单栏中执行【绘图】/【直线】命令；

（2）在【绘图】面板中单击 按钮；

（3）在命令行中输入 Line，然后按 Enter 键；

（4）使用命令简写为 L，然后按 Enter 键。

动手操作——利用【直线】命令绘制图形

① 单击【绘图】面板中的【直线】按钮 ，然后按以下命令行提示进行操作。

指定第一点:	//输入100,0,确定A点
指定下一点或[放弃(U)]:	//输入@40,0,按 Enter键确定B点
指定下一点或[放弃(U)]:	//输入@40,-40,按Enter键确定C点
指定下一点或[闭合(C)/放弃(U)]:	//输入@-120,0,按Enter键确定D点
指定下一点或[闭合(C)/放弃(U)]:	//输入C,按Enter键自动闭合并结束命令

② 绘制结果如图8-6所示。

提示: 如果输入二维坐标,AutoCAD默认以最后一个点的坐标为原点坐标。

2. 绘制矩形

矩形是由四条直线元素组合而成的闭合对象,AutoCAD将其看作一条闭合的多段线。
执行【矩形】命令的方式主要有以下几种。

(1)在菜单栏中执行【绘图】/【矩形】命令;

(2)在【绘图】面板中单击【矩形】按钮 ▭ ;

(3)在命令行中输入 Rectang,然后按 Enter 键;

(4)使用命令简写为 REC,然后按 Enter 键。

动手操作——矩形的绘制

默认设置下,绘制矩形的方式为【对角点】方式,下面通过绘制长度为 200、宽度为 100 的矩形,学习使用此种方式。操作步骤如下:

① 在【绘图】面板中单击【矩形】按钮,激活【矩形】命令。

② 根据命令行的提示,使用默认对角点方式绘制矩形,操作如下:

命令:_rectang	//执行命令
指定第一个角点或[倒角(C)|标高(E)圆角(F)|厚度(T)(宽度(W)]	//定位一个角点
指定另一个角点或 [面积(A)|尺寸(D)|旋转(R)): @200,100	//输入长宽参数

③ 绘制结果如图8-7所示。

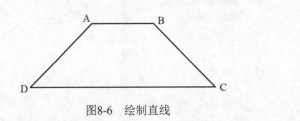

图8-6 绘制直线

图8-7 绘制矩形

提示: 由于矩形被看作一条多线段,当用户编辑某一条痕迹,需要事先使用【分解】命令将其进行分解。

3. 绘制正多边形

AutoCAD 中,【多边形】命令用于绘制边数为 3~1024 的正多边形。

执行【多边形】命令主要有以下几种方式。

(1)在菜单栏中执行【绘图】/【多边形】命令;

（2）在【绘图】面板中单击【多边形】按钮；

（3）在命令行中输入 Polygon，然后按 Enter 键；

（4）使用命令简写为 POL，然后按 Enter 键。

绘制正多边形的方式有两种：根据边长绘制和根据半径绘制。

动手操作——根据边长绘制正多边形

① 执行【绘图】/【多边形】命令，激活【多边形】命令。

② 根据命令行的提示，操作如下：

命令:_polygon 输入侧面数<8>:   //指定正多边形的边数

指定正多边形的中心点或[边（E)]:e   //通过一条边的两个端点绘制

指定边的第一个端点:100，0指定边的第二个端点:50，0   //指定边长

③ 绘制结果如图 8-8 所示。

4. 绘制圆

要创建圆，可以指定圆心、半径、直径、圆周上的点和其他对象上点的不同组合。圆的绘制方法有很多种，常见的有【圆心，半径】【圆心，直径】【两点】【三点】【相切，相切，半径】和【相切，相切，相切】6 种，如图 8-9 所示。

动手操作——用半径或直径画圆

① 单击【绘图】面板上的【圆】按钮，激活【圆】命令；

② 根据 AutoCAD 命令行的提示，精确画圆。命令行操作如下：

命令:_circle   //执行命令

指定圆的圆心或 [三点(3P)/两点(2P)/切点、切点、半径(T)]: //指定圆心位置

指定圆的半径或 [直径(D)] <50.0000>: 100   //设置半径为100

③ 得到一个半径为 100 的圆，如图 8-10 所示。

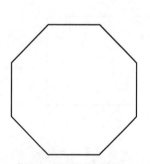

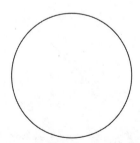

图8-8　绘制正多边形　　　图8-9　画圆的方法　　　图8-10　绘制的圆

5. 绘制圆弧

在 AutoCAD 2016 中，创建圆弧的方式有很多种，包括【三点】【起点，圆心，端点】【起点，圆心，角度】【起点，圆心，长度】【起点，端点，角度】【起点，端点，方向】【起点，端点，半径】【圆心，起点，端点】【圆心，起点，角度】【圆心，起点，长度】【连续】

等方式，如图 8-11 所示。

除第一种方式外，其他方式都是从起点到端点逆时针绘制圆弧。

动手操作——三点绘制圆弧

通过指定圆弧的起点、第二点和端点来绘制圆弧。用户可通过以下命令方式来执行此操作：

（1）在菜单栏中执行【绘图】/【圆弧】/【三点】命令；

（2）在【绘图】面板中单击【三点】按钮；

（3）在命令行中输入 ABC，然后按 Enter 键。

绘制【三点】圆弧的命令提示如下：

```
命令：_arc
指定圆弧的起点或 [圆心(C)]：600,0
指定圆弧的第二个点或 [圆心(C)/端点(E)]：500,0
指定圆弧的端点：500,50
```

三点绘制圆弧如图 8-12 所示。

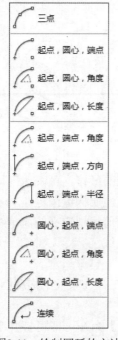

图8-11　绘制圆弧的方法

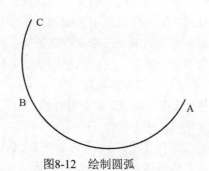

图8-12　绘制圆弧

6. 绘制椭圆

椭圆由定义其长度和宽度的两条轴确定。其中，较长的轴称为长轴，较短的轴称为短轴。椭圆的绘制方式有三种，分别是【圆心】【轴，端点】和【椭圆弧】，如图 8-13 所示。

动手操作——通过圆心绘制椭圆

下面通过指定椭圆的中心点、长轴的一个端点，以及短半轴的长度，绘制一个椭圆。

用户可通过以下命令方式来执行此操作：

（1）在菜单栏中执行【绘图】/【椭圆】/【圆心】命令；

（2）在【绘图】面板中单击【圆心】按钮；

（3）在命令行中输入 ELLIPSE，然后按 Enter 键。

例如，绘制一个中心点坐标为（0，0）、长轴的一个端点坐标为（100，0）、短半轴的长度为 60 的椭圆，要执行的命令提示如下：

```
命令：_ellipse
指定椭圆的轴端点或 [圆弧(A)/中心点(C)]：_c
指定椭圆的中心点：0,0
指定轴的端点：@100,0
指定另一条半轴长度或 [旋转(R)]：60
```

💡 **提示：** 命令行中的【旋转】选项，可根据椭圆短轴和长轴的比值，把一个圆绕定义的第一轴旋转成椭圆。

绘制的椭圆如图 8-14 所示。

图8-13　绘制椭圆的方法

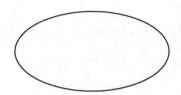

图8-14　绘制椭圆

7．图案填充

填充是一种使用指定线条图案、颜色来充满指定区域的操作，可表达剖切面和同类型物体对象的外观纹理，广泛应用于绘制机械图、建筑图及地质构造图等。

可以使用预定义的填充图案来填充区域；可以使用当前线型定义的简单线图案，也可以创建更复杂的填充图案；还可以使用实体颜色来填充区域。

1）添加填充图案和实体填充

除了可执行【图案填充】命令进行填充外，还可以从工具选项板中拖动图案进行填充，而且操作起来更快、更方便。

在菜单栏中选择【工具】/【选项板】/【工具选项板】命令，即可打开工具选项板。将【图案填充】标签打开，如图 8-15 所示。

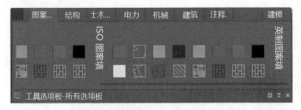

图8-15　图案填充工具选项板

2）使用图案填充

所谓图案，是指各种图线通过不同排列组合后构成的图形元素。此类图形元素可作为一个独立整体，被填充到各种封闭的图形区域内，表达一定的图形信息。

执行【图案填充】命令的方式有以下几种。

（1）在菜单栏中执行【绘图】/【图案填充】命令；

（2）在【绘图】面板中单击【图案填充】按钮。

（3）在命令行中输入 Bhatch，然后按 Enter 键。

执行命令后，功能区将显示【图案填充创建】选项卡，如图 8-16 所示，该选项卡中包含有【边界】【图案】【特性】【原点】【选项】等工具面板。

图8-16 图案填充创建选项卡

其中，【边界】面板主要用于拾取点（选择封闭的区域）、添加或删除边界对象、查看选项集等，如图 8-17 所示。

❖ 【拾取点】按钮：根据围绕指定点构成封闭区域的现有对象确定边界。对话框将暂时关闭，系统将会提示拾取一个点。

❖ 【选择】按钮：根据构成封闭区域的选定对象确定边界。对话框将暂时关闭，系统将会提示选择对象。使用【选择】选项时，HATCH 不自动检测内部对象。必须选择选定边界内的对象，以按照当前孤岛检测样式填充这些对象。

图8-17 "边界"面板

❖ 【删除】按钮：从边界定义中删除之前添加的对象。使用此命令，还可以在填充区域内添加新的填充边界。

❖ 【重新创建】按钮：围绕选定的图案填充或填充对象，创建多段线或面域，并使其与图案填充对象相关联。

❖ 【显示边界对象】按钮：暂时关闭对话框，并使用当前的图案填充或填充设置显示当前定义的边界。如果未定义边界，则此选项不可用。

8.2.2 编辑的操作

编辑命令位于"常用"选项卡的"修改"面板上，如图 8-18 所示。常用命令包括删除、修剪、移动和复制等，点击"修改"两字右边的倒三角，弹出其他常用的编辑命令，当光标移动到图标上面时会显示此图标的名称，悬停在图标上时会显示此命令的简要操作。

图8-18 编辑命令选项卡

1. 删除对象

【删除】命令用于删除画面中不需要的对象。

执行【删除】命令的方式有以下几种。

（1）在菜单栏中执行【修改】/【删除】命令；

（2）在【修改】面板中单击【删除】按钮 ；

（3）在命令行中输入 Erase，然后按 Enter 键；

（4）选择对象，然后按 Delete 键。

执行【删除】命令后，命令行将显示如下提示信息：

命令：_erase ↙   //指定删除的对象

选择对象：找到1个   //结束选择

选择对象： ↙

2. 复制对象

【复制】命令用于根据已有对象复制副本，并放置于指定位置。复制出的图形尺寸、形状等保持不变，唯一发生改变的就是图形的位置。

执行【复制】命令的方式有以下几种。

（1）在菜单栏中执行【修改】/【复制】命令；

（2）在【修改】面板中单击【复制】按钮；

（3）在命令行中输入 Copy，然后按 Enter 键；

（4）使用命令简写为 CO，然后按 Enter 键。

动手操作——复制对象

一般情况下，使用【复制】命令可创建结构相同、位置不同的复合结构。下面通过一个典型操作实例，学习此命令的应用。

① 新建一个空白文件。

② 执行【矩形】和【圆】命令，绘制如图 8-19（a）所示的图案。

③ 在【修改】面板上单击【复制】按钮，选中圆，进行多重复制。

④ 选中圆后，按 Enter 键，将圆心作为基点，然后将矩形的象限点作为指定点，复制圆，如图 8-19（b）所示。

⑤ 重复此操作，在矩形余下的象限点复制圆，最终效果如图 8-19（c）所示。

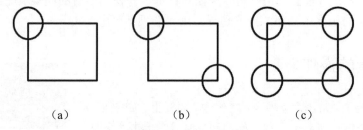

（a）   （b）   （c）

图8-19 复制对象

3. 移动对象

移动对象是指对象的重定位，可以在指定方向上按指定距离移动对象，对象的位置发生了改变，但大小和形状保持不变。

执行【移动】命令的方式主要有以下几种。

（1）在菜单栏中执行【修改】/【移动】命令；

（2）在【修改】面板中单击【移动】按钮；

（3）在命令行中输入 Move，然后按 Enter 键。

移动对象的操作方法与复制对象基本相同，不同之处在于：移动后的原图被删除了。

4. 旋转对象

【旋转】命令可将选择对象围绕指定的基点，旋转一定的角度。旋转对象时，输入的角度为正值，系统将按逆时针方向旋转；输入的角度为负值，系统将按顺时针方向旋转。

执行【旋转】命令的方式主要有以下几种。

（1）在菜单栏中执行【修改】/【旋转】命令；

（2）在【修改】面板中单击【旋转】按钮；

（3）在命令行输入 Rotate，然后按 Enter 键；

（4）使用命令简写为 RO，然后按 Enter 键。

动手操作——旋转对象

① 打开素材文件，如图 8-20（a）所示。

② 单击【旋转】按钮，激活【旋转】命令，选中图形中需要旋转的线段。

③ 按 Enter 键，指定圆的圆心为基点。

④ 在命令行中输入 C 命令，然后输入旋转角度 120，按 Enter 键，即可创建如图 8-20（b）所示的旋转复制对象。

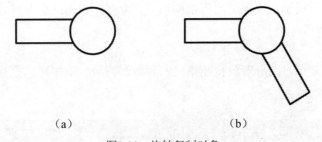

（a）　　　　　　　　　　　　（b）

图8-20　旋转复制对象

💡 提示：操作④中如果不输入 C 命令，则旋转后原旋转对象会被删除。

【参照】选项用于将对象进行参照旋转，即指定一个参照角度和新角度，两个角度的差值就是对象的实际旋转角度。

5. 镜像对象

【镜像】命令可将选择的图形沿镜像线对称复制。在镜像过程中，源对象可以保留，也可以删除。

执行【镜像】命令的方式主要有以下几种。

（1）在菜单栏中执行【修改】/【镜像】命令；

（2）在【修改】面板中单击【镜像】按钮；

（3）在命令行中输入 Mirror，然后按 Enter 键；

（4）使用命令简写为 MI，然后按 Enter 键。

动手操作——镜像对象

① 打开素材文件，如图 8-21（a）所示。

② 单击【镜像】按钮，激活【镜像】命令。命令行操作如下：

命令：_mirror   //镜像图形

选择对象：找到 3 个，总计 3 个   //选择右半部分图形

指定镜像线的第一点：   //捕捉端点

指定镜像线的第二点：   //捕捉端点

要删除源对象吗？[是(Y)/否(N)] <否>：n   //按Enter键结束

绘制结果如图 8-21（b）所示。

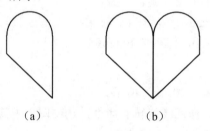

（a）   （b）

图8-21　镜像对象

6. 阵列对象

【阵列】是一种用于创建规则图形结构的复古命令，使用此命令可以创建均布结构或聚心结构的复制图形。

1）矩形阵列

【矩形阵列】是指将图形对象按照指定的行数和列数，呈矩形的排列方式进行大规模复制，如图 8-22 所示。

图8-22　创建阵列

执行【矩形阵列】命令的方式主要有以下几种。

（1）在菜单栏中执行【修改】/【阵列】/【矩形阵列】命令；

（2）在【修改】面板上单击【矩形阵列】按钮；

（3）在命令行中输入 Arrayrect，然后按 Enter 键。

执行【矩形阵列】命令后，命令行操作如下：

命令：_arrayrect
选择对象：找到 1 个
选择对象：
类型 = 矩形　关联 = 是
选择夹点以编辑阵列或 [关联(AS)/基点(B)/计数(COU)/间距(S)/列数(COL)/行数(R)/层数(L)/退出(X)] <退出>：

阵列完成后的图形如图 8-23 所示。

除了进行矩形阵列之外，还可以进行环形阵列和路径阵列，这里不一一介绍。

7. 偏移对象

【偏移】命令用于将图像按照一定的距离或指定的通过点，进行偏移选择的图形对象。

执行【偏移】命令的方式主要有以下几种。

（1）在菜单栏中执行【修改】/【偏移】命令；

（2）在【修改】面板上单击【偏移】按钮；

（3）在命令行中输入 Offset，然后按 Enter 键；

（4）使用命令简写为 O，然后按 Enter 键。

图8-23　阵列对象

动手操作——偏移对象

① 打开素材文件，如图 8-24（a）所示。

② 单击【修改】面板上的【偏移】按钮，激活【偏移】命令。命令行操作如下：

命令：_offset
当前设置：删除源=否　图层=源　OFFSETGAPTYPE=0
指定偏移距离或 [通过(T)/删除(E)/图层(L)] <通过>：　10
选择要偏移的对象，或 [退出(E)/放弃(U)] <退出>：

③ 操作结果如图 8-24（b）所示。

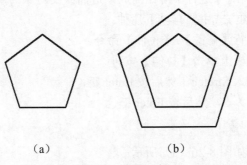

（a）　　　　　　　　　（b）

图8-24　偏移对象

8. 缩放对象

【缩放】命令用于将图形按照一定比例进行放大或缩小，使用此命令可以创建形状相同、大小不同的图形结构。执行【缩放】命令的方式主要有以下几种。

（1）在菜单栏中执行【修改】/【缩放】命令；

（2）单击【修改】面板上的【缩放】按钮；

（3）在命令行中输入 Scale，然后按 Enter 键；

（4）使用命令简写为 SC，然后按 Enter 键。

动手操作——缩放对象

① 打开素材文件，如图 8-25（a）所示。

② 单击【缩放】按钮，激活【缩放】命令，将图中的圆形等比缩放 0.5 倍。命令行操作如下：

```
命令：_scale
选择对象：找到 1 个
选择对象：
指定基点：0,0
指定比例因子或 [复制(C)/参照(R)]：0.5
```

③ 操作结果如图 8-25（b）所示。

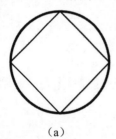

（a）   （b）

图8-25　缩放对象

9. 拉伸对象

【拉伸】命令用于将对象进行不等比缩放，进而改变对象的尺寸或形状。

执行【拉伸】命令的方式主要有以下几种。

（1）在菜单栏中执行【修改】/【拉伸】命令；

（2）在【修改】面板上单击【拉伸】按钮；

（3）在命令行中输入 Stretch，然后按 Enter 键；

（4）使用命令简写为 S，然后按 Enter 键。

动手操作——拉伸对象

① 打开素材文件，如图 8-26（a）所示。

② 单击【修改】面板上的【拉伸】按钮，激活【拉伸】命令，对图形的边进行拉长。命令行操作如下：

命令: _stretch

以交叉窗口或交叉多边形选择要拉伸的对象...

选择对象: 指定对角点: 找到 1 个

选择对象:

指定基点或 [位移(D)] <位移>:

指定第二个点或 <使用第一个点作为位移>: 50,0

③ 拉伸结果如图 8-26（b）所示。

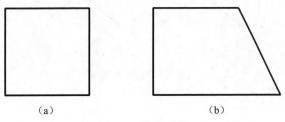

　　（a）　　　　　　　　　　　　　　（b）

图8-26　拉伸对象

10. 修剪对象

【修剪】命令用于修剪对象上指定的部分，不过在修剪时，需要事先指定一个边界。

执行【修剪】命令的方式主要有以下几种。

（1）在菜单栏中执行【修改】/【修剪】命令；

（2）在【修改】面板上单击【修建】按钮；

（3）在命令行中输入 Trim，然后按 Enter 键；

（4）使用命令简写为 TR，然后按 Enter 键。

在修剪对象时，边界的选择是关键，而边界必须要与修剪对象相交，或与其延长线相交，才能成功修剪对象。因此，系统为用户设定了两种修剪模式，即【修剪模式】和【不修剪模式】，默认模式为【不修剪模式】。

动手操作——对象的修剪

① 新建一个空白文件。

② 使用画线命令绘制如图 8-27（a）所示的两条直线。

③ 单击【修改】面板上的【修剪】按钮，激活【修剪】命令，对直线进行修剪。命令行操作如下：

命令: _trim

当前设置:投影=UCS, 边=无

选择剪切边...

选择对象或 <全部选择>: 指定对角点: 找到 2 个

选择对象:

选择要修剪的对象，或按住 Shift 键选择要延伸的对象，或

[栏选(F)/窗交(C)/投影(P)/边(E)/删除(R)/放弃(U)]:

选择要修剪的对象，或按住 Shift 键选择要延伸的对象，或

[栏选(F)/窗交(C)/投影(P)/边(E)/删除(R)/放弃(U)]:

不与剪切边相交。

选择要修剪的对象，或按住 Shift 键选择要延伸的对象，或

[栏选(F)/窗交(C)/投影(P)/边(E)/删除(R)/放弃(U)]:

④ 修剪结果如图 8-27（b）所示。

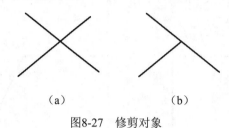

（a）　　　　　　　　　（b）

图8-27　修剪对象

11．延伸对象

【延伸】命令用于将对象延伸至指定的边界上，用于延伸的对象有直线、圆弧、椭圆弧、非闭合的二维多段线和三维多段线以及射线等。

执行【延伸】命令的方式主要有以下几种。

（1）在菜单栏中执行【修改】/【延伸】命令；

（2）在【修改】面板上单击【延伸】按钮；

（3）在命令行中输入 Extend，然后按 Enter 键；

（4）使用命令简写为 EX，然后按 Enter 键。

在延伸对象时，也需要为对象指定边界。指定边界时，有两种情况，一种是对象被延长后与边界存在一个实际的交点、另一种就是与边界的延长线相交于一点。

为此，AutoCAD 为用户提供了两种模式，即【延伸模式】和【不延伸模式】，系统默认的模式为【不延伸模式】。

动手操作——对象的延伸

下面通过具体实例，学习此种模式的延伸过程。

① 使用【直线】工具绘制如图 8-28（a）所示的两条图线。

② 执行【修改】/【延伸】命令对垂直图线进行延伸，使之与水平图线垂直相交。

命令行操作如下：

命令：_extend

当前设置:投影=UCS，边=无

选择边界的边...

选择对象或 <全部选择>: 指定对角点：找到 2 个

选择对象：

选择要延伸的对象，或按住 Shift 键选择要修剪的对象，或

[栏选(F)/窗交(C)/投影(P)/边(E)/放弃(U)]:

选择要延伸的对象，或按住 Shift 键选择要修剪的对象，或

[栏选(F)/窗交(C)/投影(P)/边(E)/放弃(U)]:

③ 垂直图线的下端被延伸，如图8-28（b）所示。

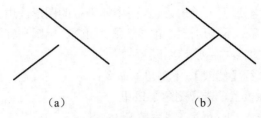

（a）　　　　　　　（b）

图8-28　延伸对象

💡 提示：在选择延伸对象时，要在靠近延伸边界的一端选择需要延伸的对象，否则对象将不被延伸。

12. 圆角

【圆角】是指使用一段给定半径的圆弧光滑连接两条图线，一般情况下，用于圆角的图线有直线、多段线、构造线、射线、圆弧和椭圆弧等。

执行【圆角】命令的方式主要有以下几种。

（1）在菜单栏中执行【修改】/【圆角】命令；

（2）在【修改】面板上单击【圆角】按钮；

（3）在命令行中输入 Fillet，然后按 Enter 键；

（4）使用命令简写为 F，然后按 Enter 键。

动手操作——倒圆角

① 打开素材文件，如图 8-29（a）所示。

② 单击【修改】面板上的【圆角】按钮，激活【圆角】命令，对矩形进行圆角。命令行操作如下：

```
命令: _fillet
当前设置: 模式 = 修剪, 半径 = 0.0000
选择第一个对象或 [放弃(U)/多段线(P)/半径(R)/修剪(T)/多个(M)]: r
指定圆角半径 <0.0000>: 10
选择第一个对象或 [放弃(U)/多段线(P)/半径(R)/修剪(T)/多个(M)]: p
选择二维多段线或 [半径(R)]:
4 条直线已被圆角
```

③ 矩形的圆角效果如图 8-29（b）所示。

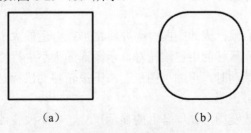

（a）　　　　　　　（b）

图8-29　圆角操作

13. 倒角

【倒角】命令指的是使用一条线段连接两个非平行的图形。用于倒角的一般有直线、多线段、矩形、多边形等，不能用于倒角的有圆、圆弧、椭圆和椭圆弧等。

执行【倒角】命令的方式主要有以下几种。

（1）在菜单栏中执行【修改】/【倒角】命令；

（2）在【修改】面板上单击【倒角】按钮；

（3）在命令行中输入 Chamfer，然后按 Enter 键；

（4）使用命令简写为 CHA，然后按 Enter 键。

动手操作——角度倒角

【角度倒角】是指通过设置一条图线的倒角长度和角度，为图线倒角。

① 打开素材文件，如图 8-30（a）所示。

② 单击【修改】面板上的【倒角】按钮，激活【倒角】命令，对矩形进行角度倒角。命令行操作如下：

```
命令：_chamfer
("修剪"模式) 当前倒角距离 1 = 0.0000，距离 2 = 0.0000
选择第一条直线或 [放弃(U)/多段线(P)/距离(D)/角度(A)/修剪(T)/方式(E)/多个(M)]： a
指定第一条直线的倒角长度 <0.0000>: 10
指定第一条直线的倒角角度 <0>: 45
选择第一条直线或 [放弃(U)/多段线(P)/距离(D)/角度(A)/修剪(T)/方式(E)/多个(M)]：
选择第二条直线，或按住 Shift 键选择直线以应用角点或 [距离(D)/角度(A)/方法(M)]：
```

③ 角度倒角的结果如图 8-30（b）所示。

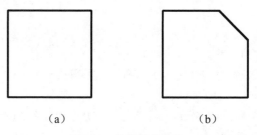

（a）　　　　　　　　　　（b）

图8-30　角度倒角操作

8.2.3　显示控制的操作

显示器的屏幕大小有限，因此绘图时需要将图形以合适的大小显示在屏幕上。

最简单的方法是利用鼠标的中键滚轮对显示图形的大小进行控制。滚轮向前滚动时，可放大图形；滚轮向后滚动时，可缩小图形；按下滚轮移动鼠标时，可平移图形；双击鼠标中键滚轮，可显示全部图形。

注意，显示控制只改变图形在屏幕上的显示尺寸，并不改变图形的实际尺寸。

如果出现图形缩小或放大到一定程度后，不能继续放大或缩小，可在命令提示符下输入"RE-GEN"，重新生成图形，此时可继续放大或缩小。

8.3 AutoCAD 辅助绘图工具和图形属性

8.3.1 辅助绘图工具

1. 正交

【正交】模式用于控制是否以正交方式绘图，或者在正交模式下追踪对象点。在【正交】模式下，可以方便地绘出与当前 X 轴或 Y 轴平行的直线。

用户可通过以下命令方式，打开或关闭【正交】模式。

（1）在状态栏中单击【正交模式】按钮 ；

（2）按 F8 键；

（3）在命令行中输入 ORTHO，然后按 Enter 键。

创建或移动对象时，使用【正交】模式将光标限制在水平或垂直轴上。移动光标时，不管水平轴或垂直轴哪个离光标最近，拖引线将沿着该轴移动。

2. 极轴追踪

极轴追踪用于按程序默认给定或用户自定义的极轴角度增量来追踪对象点。如极轴角度为 45°，光标则只能按照给定的 45°范围来追踪，光标可在整个象限的 8 个位置上追踪对象点。如果事先知道要追踪的方向（角度），使用极轴追踪是比较方便的。

用户可通过以下方式来打开或关闭【极轴追踪】功能：

（1）在状态栏中单击【极轴追踪】按钮；

（2）按 F10 键；

（3）打开【草图设置】对话框，在【极轴追踪】选项卡中，选中或取消选中【启用极轴追踪】复选框，如图 8-31 所示。

图8-31 极轴追踪选项卡

创建或修改对象时，还可以使用【极轴追踪】以显示由指定的极轴角度所定义的临时对齐路径。

3. 目标捕捉

AutoCAD 共有 13 种目标捕捉方式，用于捕捉实体上的几何特征点。目标捕捉在使用中有两种方式：临时目标捕捉方式和自动目标捕捉方式。

1）临时目标捕捉方式

按住 Ctrl 键的同时单击鼠标右键，将弹出如图 8-32 所示的快捷菜单，选择需要的捕捉方式。也可以在键盘上输入捕捉方式英文单词的前 3 个字母，然后去捕捉那个点。

注意，临时目标捕捉方式仅在本次捕捉中有效，下次使用时需再次进行选择。

2）自动目标捕捉方式

按 F3 键，或单击状态栏上的"目标捕捉"图标，可进入或解除目标捕捉。进入目标捕捉方式后，系统会自动进行捕捉。

需要设定不同捕捉方式时，将光标移动到图标上，单击鼠标右键，在快捷菜单上选择"设置(S)…"命令，打开"草图设置"对话框。在"对象捕捉"选项卡下选中需要的捕捉方式，如图 8-33 所示，然后单击"确定"按钮，退出对话框。

图8-32　对象捕捉快捷菜单

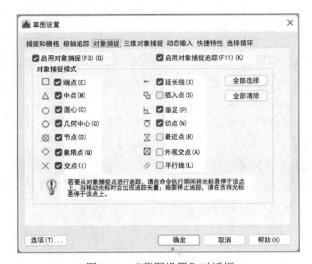

图8-33　"草图设置"对话框

8.3.2　图层

可将图层看作透明的纸。绘图时，可使用多张透明、重叠的纸，在不同层上设定不同的线型、颜色和线宽。有了图层，用户就可以将一张图上的不同性质的实体，分别画在不同的图层上。例如，绘制零件图时，可将图形的粗轮廓线、剖面线、中心线、尺寸、文字和标题栏等分别放在不同的图层上，这样既便于管理和修改，还可加快绘图速度。

1. 图层的性质

（1）一个图形文件中，可以创建任意多个图层，每个图层上的实体数量没有限制。

（2）图层名最多可由 31 个字符组成，这些字符可以包括字母、数字和专用符号"$"
"-"（连字符）和"_"（下划线）。其中，0 层是 AutoCAD 固有的，Defpoints 层是 AutoCAD
尺寸标注时自动生成的特殊图层，这两个层不能改名，也不能删除。

（3）图层可被赋予颜色、线型和线宽。若当前图形颜色、线型和线宽均使用 BYLAYER
绘图，图形实体将自动采用当前图层中设定的颜色、线型和线宽。

（4）只能在当前层上绘图，所以在绘图时要首先确认当前层。

（5）图层可以被打开或关闭。被关闭图层上的图形既不能显示，也不能打印输出，但
仍然参与显示运算。合理关闭一些图层，可以使绘图或看图时显得更清楚。

（6）图层可以被冻结或解冻。被冻结的图层上的图形同样既不能显示，也不能打印输
出，且不参与显示运算。合理冻结一些图层，能加快图形重新生成时的速度。

（7）图层可以锁定和解锁。锁定图层不影响其上图形的显示状况，锁定层上可以绘制
图形但不能对锁定层上的图形进行编辑。通过锁定图层可防止对这些图层上的图形产生错
误操作。

2. 管理图层

图层的基本操作包括新建图层、图层改名、指定当前层、图层的开/关、图层的冻结/
解冻和锁定/解锁等操作。

图层控制面板（如图 8-34 所示）中，第一行图标用于对图层进行操作，单击第一个图
标组，系统将打开如图 8-35 所示的图层特性管理器，在这里可对图层进行全面操作。

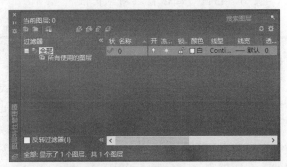

图8-34 "图层控制"面板　　　　图8-35 "图层特性管理器"对话框

图形文件中的图层，大部分可利用图层的过滤器功能。

要改变某个图层的颜色，可在本层的颜色文字上单击，在打开的"选择颜色"对话框
中设置需要的颜色。

要改变某个图层的线型，可在本层的线型文字上单击，在打开"线型选择"对话框中
进行设置。如果对话框中没有需要的线型，可单击"加载"按钮，在"加载和重载线型"
对话框中选择要加载的线型。

单击图层线宽，可从弹出的列表框内选择需要的线宽。

对图层的控制，除了可利用对话框中的图标工具外，还可以在对话框的空白处右击，
在如图 8-36 所示的快捷菜单中选择需要的功能命令。

图8-36　"图层控制"快捷菜单

8.3.3　对象特性的管理

1. 使用"特性"面板管理对象特性

（1）利用"图层"面板上的"图层控制"列表，可以更改当前的图层及其状态。

（2）利用"特性"面板上的"颜色控制"列表、"线型控制"列表和"线宽控制"列表，可以改变当前创建对象的颜色、线型和线宽。

（3）要改变已有实体的颜色、线型和线宽，需要先选中对象，然后在颜色、线型和线宽控制框中设置需要赋予的值，最后按两次 Esc 键。

（4）如果线型比例不合适，如过大或过小，导致无法正确显示线型，此时可展开"线型控制"列表，如图 8-37 所示，选择"其他…"命令，在打开的"线型管理器"对话框中设置线型和比例因子，如图 8-38 所示，最后得到正确的显示效果。

图8-37　"线型控制"列表　　　　图8-38　"线型管理器"对话框

（5）必须先激活状态栏上的线宽按钮，才能在屏幕上看到对象的线宽信息。

2. 使用"特性匹配"更改对象图层及对象特性

"特性匹配"可以将一个对象的某些或所有特性复制到其他对象上。可以复制的特性类型包括（但不仅限于）颜色、图层、线型、线型比例、线宽等。

命令：_matchprop

选择源对象：(选择源对象)

当前活动设置：颜色、图层、线型、线型比例、线宽、厚度、打印样式、文字、标注、填充图案、多段线、视口

选择目标对象或［设置(S)］：(选择欲被改变特性的对象)

选择目标对象或［设置(S)］：

3. 使用"特性"选项板管理对象的特性

选择欲更改属性的对象，单击鼠标右键，在弹出的快捷菜单中选择"特性"命令，即可打开"特性"选项板，如图 8-39 所示。这里列出了选定对象或对象集各种特性的当前设置，在基本特性中单击相应特性，可修改该对象的特性。

图8-39　"特性"选项板

选择多个对象时，"特性"选项板只显示选择集中所有对象的公共特性。

8.4　图样的注释

8.4.1　文本的注写

1. 文字注释

文字注释是 AutoCAD 图形中很重要的一个图形元素，也是机械制图、建筑工程图等制图中不可或缺的重要组成部分。在一个完整的图样中，包括一些文字注释来标注图样中的一些非图形信息。例如，机械图形中的技术要求、装配说明、标题栏信息、选项卡以及建筑工程图中的材料说明、施工要求等。

要调用文字注释功能，可通过以下几种方式。

（1）在【文字】面板、【文字】工具条中单击相应命令按钮；

（2）在菜单栏中选择【绘图】/【文字】命令，然后在弹出的【文字注释】面板中选择【注释】选项。

【文字注释】面板如图 8-40 所示，【文字注释】工具条如图 8-41 所示。

图8-40　文字注释面板

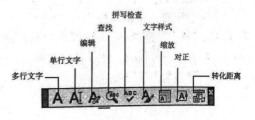

图8-41　文字注释工具条

图形注释文字包括单行文字或多行文字。对于不需要多种字体或多行的简短项，可以创建单行文字；对于较长、较复杂的内容，可以创建多行或段落文字。

在创建单行或多行文字前，要指定文字样式并设置对齐方式。其中，文字样式用于设置文字对象的默认特征。

2. 文字样式

AutoCAD 中，文字样式包括字体名、字体样式（即字型）、高度、宽度因子、倾斜角度、颠倒、反向、垂直等参数选项。在图形中输入文字时，当前的文字样式决定了输入文字的字体、字号、倾斜角度、方向和其他文字特征。

1）创建文字样式

创建文字注释和尺寸标注时，AutoCAD 默认使用当前的文字样式。用户也可以根据需要，重新设置文字样式或创建新的样式。

文字样式的新建和修改，是通过【文字样式】对话框来进行的，如图 8-42 所示。

图8-42　"文字样式"对话框

用户可通过以下命令方式打开【文字样式】对话框。

（1）在菜单栏中选择【格式】/【文字样式】命令；

（2）在工具条中单击【文字样式】按钮；

（3）在【注释】面板中单击【文字样式】按钮；

（4）在命令行中输入 STYLE，然后按 Enter 键。

【文字样式】对话框的"字体"选项栏中，各参数项的含义如下。

❖　【字体名】下拉列表框：列出了 FONTS 文件夹中所有注册的 TrueType 字体和所有编译的形（SHX）字体的字体族名。

❖ 【字体样式】下拉列表框：用于指定字体格式，如粗体、斜体等。

❖ 【使用大字体】复选框：用于指定亚洲语言的大字体文件，只有在【字体名】列表下选择带有 SHX 后缀的字体文件，如选择 iso.shx 时，该复选框才会被激活。

2）修改文字样式

修改多行文字对象的样式时，已更新的设置将应用到整个对象中，单个字符的某些格式可能不会被保留。例如，颜色、堆叠和下画线等格式会继续使用原格式，而粗体、字体、高度及斜体等格式将随着修改而发生改变。

通过修改设置，可以在【文字样式】对话框中修改现有的样式。也可以更新使用该文字样式的现有文字，来反映修改的效果。

3）特殊字符的输入

在工程图标注中，往往需要标注一些特殊的符号和字符。例如，度的符号"°"、公差符号"±"和直径符号"ϕ"，这些符号无法通过键盘直接输入，需要通过控制代码或 Unicode 字符串输入。

常见的特殊字符和控制码如表 8-1 所示。

表8-1 特殊字符与控制码

符 号	控 制 码	示 例	文 本
°	%%d	60%%d	60°
±	%%p	%%p0.05	±0.05
ϕ	%%c	%%c40	ϕ40

要插入其他的数学、数字符号，有以下几种方式。

（1）在【插入】面板上单击【符号】按钮。

（2）在右键菜单中选择【符号】命令。

（3）在文本编辑器中输入适当的 Unicode 字符串。

（4）通过 Windows 提供的软键盘来输入特殊字符。先将 Windows 文字输入法设为【智能 ABC】，然后右击【定位】按钮，在快捷菜单中选择符号软键盘命令，打开软键盘，输入需要的字符。

8.4.2 尺寸标注

在 AutoCAD 中，尺寸标注可通过"常用"选项卡中"注释"区尺寸标注工具栏上的命令按钮来完成，如图 8-43 所示。

1. 尺寸标注样式管理器

在 AutoCAD 中，使用标注样式可以控制标注的格式和外观，建立强制执行的绘图标准，并有利于对标注格式及用途进行修改。标注样式管理包含新建标注样式、设置线样式、设置符号和箭头样式、设置文字样式、设置调整样式、设置主单位样式、设置单位换算样式、设置公差样式等内容。

标注样式是标注设置的命名集合，可用来控制标注的外观，如箭头样式、文字位置和尺寸公差等。用户可以创建标注样式，以快速指定标注的格式，并确保标注符合行业或项目标准。

创建标注时，标注将使用当前标注样式中的设置，如果要修改标注样式中的设置，则图形中的所有标注将自动使用更新后的样式。用户可以创建与当前标注样式不同的指定标注类型的标准子样式，如果需要，可以临时替代标注样式。

在【注释】选项卡的【标注】面板中单击【标注样式】按钮，弹出【标注样式管理器】对话框，如图 8-44 所示。

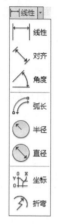

图8-43 尺寸标注命令按钮

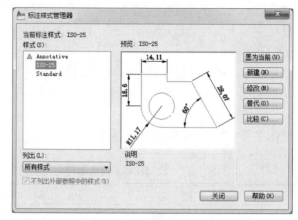

图8-44 标注样式管理器对话框

该对话框各选项、命令的含义如下。

❖ 当前标注样式：显示当前标注样式的名称。默认标注样式为国际标准 ISO-25。当前样式将应用于所创建的标注。

❖ 样式（S）：列出图形中的标注样式，当前样式被高亮显示。在列表中单击鼠标右键，可显示快捷菜单及选项，用于设置当前标注样式、重命名样式和删除样式。不能删除当前样式或当前图形使用的样式。样式名前的"⚠"图标表示样式是注释性的。

注意：除非选中【不列出外部参照中的样式】复选框，否则将使用外部参照命名对象的语法显示外部参照图形中的标注样式。

❖ 列表：在【样式】列表中控制样式显示。

提示：如果要查看图形中所有的标注样式，需选择【所有样式】选项。如果只希望查看图形中标注当前使用的标注样式，则选择【正在使用的样式】选项。

❖ 【列出】下拉列表框：在该下拉列表框中选择选项来控制样式显示。如果要查看图形中所有的标注样式，需选择【所有样式】；如果只希望查看图形中当前标注使用的标注样式，选择【正在使用的样式】选项即可。

❖ 【不列出外部参照中的样式】复选框：如果选中此复选框，在【列出】下拉列表框中不显示【外部参照图形的标注样式】选项。

❖ 说明：主要说明【样式】列表中与当前样式相关的选定样式。如果说明超出给定的空间，可以单击窗格并使用箭头键向下滚动。

❖　【置为当前】按钮：将【样式】列表中选定的标注样式设置为当前标注样式。当前样式将应用于用户所创建的标注中。

❖　【新建】按钮：单击此按钮，可在弹出的【新建标注样式】对话框中创建新的标注样式。

❖　【修改】按钮：单击此按钮，可在弹出的【修改标注样式】对话框中修改当前标注样式。

❖　【替代】按钮：单击此按钮，可在弹出的【替代标注样式】对话框中设置标注样式的临时替代值。替代样式将作为未保存的更改结果显示在【样式】列表中。

❖　【比较】按钮：单击此按钮，可在弹出的【比较标注样式】对话框中比较两个标注样式的所有特性。

2. 标注样式创建与修改

多数情况下，用户完成图形的绘制后需要创建新的标注样式，标注图形尺寸，以满足各种各样的设计需要。在【标注样式管理器】对话框中单击【新建】按钮，弹出【创建新标注样式】对话框，如图 8-45 所示。

此对话框的选项含义如下。

❖　新样式名：设置新的样式名。

❖　基础样式：设置作为新样式的基础样式。对于新样式，仅修改那些与基础特性不同的特性。

❖　【注释性】复选框：用于注释图形的对象有一项称为注释性的特性，使用此特性可自动完成缩放注释的过程，使注释能以正确大小在图纸上打印或显示。

❖　用于：创建一种仅适用于特定标注类型的标注子样式。例如，可以创建一个 Standard 标注样式的版本，该样式仅用于直径标注。

完成一系列选项设置后，单击【继续】按钮，将打开【新建标注样式：副本 ISO-25】对话框，如图 8-46 所示。

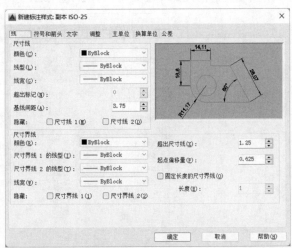

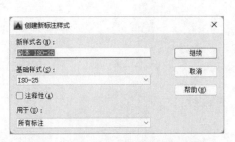

图8-45　"创建新标注样式"对话框　　　　图8-46　"新建标注样式：副本ISO-25"对话框

在此对话框中，用户可以定义新标注样式的特性，最初显示的特性是在【创建新标注样式】对话框中所选择的基础样式的特性。【新建标注样式: 副本 ISO-25】对话框中包括 7 个功能选项卡，分别是线、符号和箭头、文字、调整、主单位、换算单位和公差。

（1）【线】选项卡，主要用于设置尺寸线、延伸线、箭头和圆心标记的格式和特性。该选项卡包含两个功能选项组（尺寸线和延伸线）和一个设置预览区。

> 提示：AutoCAD 中尺寸标注的【延伸线】就是机械制图中的【尺寸界线】。

（2）【符号和箭头】选项卡，主要用于设置箭头、圆心标记、弧长符号和折弯半径标注的格式和位置。该选项卡包含【箭头】【圆心标记】【折断标注】【弧长符号】【半径折弯标注】【线性折弯标注】等选项组，如图 8-47 所示。

图8-47 "符号和箭头"选项卡

（3）【文字】选项卡，主要用于设置标注文字的格式、放置和对齐。该选项卡包含【文字外观】【文字位置】和【文字对齐】选项组，如图 8-48 所示。

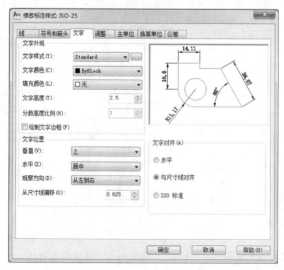

图8-48 "文字"选项卡

（4）【调整】选项卡，主要用于控制标注文字、箭头、引线和尺寸线的放置。该选项卡包含【调整选项】【文字位置】【标注特征比例】和【优化】等选项组，如图8-49所示。

图8-49　"调整"选项卡

（5）【主单位】选项卡，主要用于设置主标注单位的格式和精度，并设置标注文字的前缀和后缀。该选项卡包含【线性标注】和【角度标注】等选项组，如图8-50所示。

图8-50　"主单位"选项卡

（6）【换算单位】选项卡，主要用于设置标注测量值中换算单位的显示及其格式和精度。该选项卡包含【换算单位】【消零】和【位置】选项组，如图8-51所示。

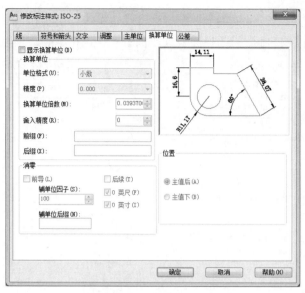

图8-51   "换算单位"选项卡

💡 提示:【换算单位】选项组和【消零】选项组中的选项含义与前面介绍的【主单位】选项
卡中的【线性标注】选项组中的选项含义相同,这里就不重复叙述了。

（7）【公差】选项卡,主要用于设置标注文字中公差的格式和显示。该选项卡包括【公
差格式】和【换算单位公差】两个选项组,如图 8-52 所示。

图8-52   "公差"选项卡

8.5 平面图形绘制实例

绘制平面图形是绘制工程图样的基础,我们利用 AutoCAD 提供的绘图工具、编辑工

具和对象捕捉工具等，精确地完成平面图形的绘制。下面通过绘制如图 8-53 所示的平面图形，说明绘图的方法和步骤。

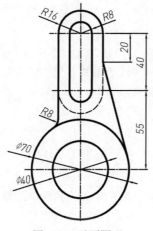

图8-53　平面图形

命令行操作如下：

命令：_line

指定第一个点：

指定下一点或 [放弃(U)]：

指定下一点或 [放弃(U)]：

命令：_line

指定第一个点：

指定下一点或 [放弃(U)]：

指定下一点或 [放弃(U)]：

命令：_line

指定第一个点：

指定下一点或 [放弃(U)]：

指定下一点或 [放弃(U)]：

命令：_line

指定第一个点：

指定下一点或 [放弃(U)]：

指定下一点或 [放弃(U)]：　　　　　　　　　　　　　　　　//画出中心线，如图8-54所示

命令：_circle

指定圆的圆心或 [三点(3P)/两点(2P)/切点、切点、半径(T)]：0,0

指定圆的半径或 [直径(D)] <35.0000>：d

指定圆的直径 <70.0000>：40

命令：_circle

指定圆的圆心或 [三点(3P)/两点(2P)/切点、切点、半径(T)]：0,0

指定圆的半径或 [直径(D)] <20.0000>：d

指定圆的直径 <40.0000>: 70   //画出下面两个圆，如图8-55所示

命令: _arc

指定圆弧的起点或 [圆心(C)]: _c

指定圆弧的圆心: 0,55

指定圆弧的起点: -8,55

指定圆弧的端点(按住 Ctrl 键以切换方向)或 [角度(A)/弦长(L)]: _a

指定夹角(按住 Ctrl 键以切换方向): 180

命令: _arc

指定圆弧的起点或 [圆心(C)]: _c

指定圆弧的圆心: 0,55

指定圆弧的起点: -16,55

指定圆弧的端点(按住 Ctrl 键以切换方向)或 [角度(A)/弦长(L)]: _a

指定夹角(按住 Ctrl 键以切换方向): 180

命令: _arc

指定圆弧的起点或 [圆心(C)]: _c

指定圆弧的圆心: 0,95

指定圆弧的起点: 8,95

指定圆弧的端点(按住 Ctrl 键以切换方向)或 [角度(A)/弦长(L)]: _a

指定夹角(按住 Ctrl 键以切换方向): 180

命令: _arc

指定圆弧的起点或 [圆心(C)]: _c

指定圆弧的圆心: 0,95

指定圆弧的起点: 16,95

指定圆弧的端点(按住 Ctrl 键以切换方向)或 [角度(A)/弦长(L)]: _a

指定夹角(按住 Ctrl 键以切换方向): 180   //画出上下四段圆弧，如图8-56所示

命令: _line

指定第一个点:

指定下一点或 [放弃(U)]:

指定下一点或 [放弃(U)]: *取消*

命令: _line

指定第一个点:

指定下一点或 [放弃(U)]:

指定下一点或 [放弃(U)]:

指定下一点或 [闭合(C)/放弃(U)]:

命令: _line

指定第一个点:

指定下一点或 [放弃(U)]:

指定下一点或 [放弃(U)]:

命令: _line

指定第一个点:

指定下一点或 [放弃(U)]:

>>输入 ORTHOMODE 的新值 <0>:

正在恢复执行 LINE 命令。

指定下一点或 [放弃(U)]: @0,-20

指定下一点或 [放弃(U)]:

指定下一点或 [闭合(C)/放弃(U)]:

命令: _line

指定第一个点:

指定下一点或 [放弃(U)]:

指定下一点或 [放弃(U)]:　　　　　　　　　　　　　//绘制直线,如图8-57所示

命令: _fillet

当前设置: 模式 = 修剪, 半径 = 8.0000

选择第一个对象或 [放弃(U)/多段线(P)/半径(R)/修剪(T)/多个(M)]:

选择第二个对象, 或按住 Shift 键选择对象以应用角点或 [半径(R)]: r

指定圆角半径 <8.0000>: 8　　　　　　　　　　　//绘制圆角,如图8-57所示

选择第二个对象, 或按住 Shift 键选择对象以应用角点或 [半径(R)]:r。

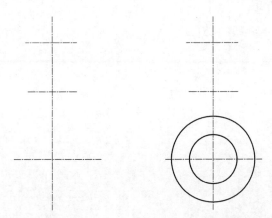

图8-54　绘制中心线　　　图8-55　绘制 ϕ 70和 ϕ 40的圆

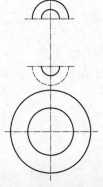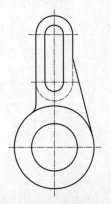

图8-56　绘制R16和R8的圆弧　　　图8-57　完成平面图形的绘制